非致命性武器技术概论

朱晓行　李　昂　朱小丽　编著

国防工业出版社
·北京·

内 容 简 介

本书从国外非致命性武器技术的基本概念及学科分类入手，以物理类和化学类非致命性武器技术为主要研究对象，界定其概念内涵、范围与分类；根据信息化战争的新形态，以及信息化及人工智能主导武器装备发展的新特点，系统研究了国外物理类和化学类非致命性武器发展状况；预测了非致命性武器技术发展趋势，为开展相关领域理论研究及装备科技发展提供了理论先导。

本书可作为相关专业人员和研究生参考用书。

图书在版编目（CIP）数据

非致命性武器技术概论 / 朱晓行，李昂，朱小丽编著. —北京：国防工业出版社，2023.2

ISBN 978-7-118-12738-6

Ⅰ. ①非… Ⅱ. ①朱… ②李… ③朱… Ⅲ. ①武器-军事技术 Ⅳ. ①E92

中国版本图书馆 CIP 数据核字（2023）第 019350 号

※

国防工业出版社出版发行

（北京市海淀区紫竹院南路 23 号 邮政编码 100048）

天津嘉恒印务有限公司印刷

新华书店经售

*

开本 710×1000 1/16 **印张** 17½ **字数** 312 千字

2023 年 2 月第 1 版第 1 次印刷 **印数** 1—1500 册 **定价** 72.00 元

国防书店：(010) 88540777 书店传真：(010) 88540776

发行业务：(010) 88540717 发行传真：(010) 88540762

《非致命性武器技术概论》编委会

前　言

“不战而屈人之兵，善之善者也”。当前，世界新军事变革加速推进，各国军事力量面临着前所未有的调整转型和过渡期，新的作战理论和作战手段层出不穷；信息化与人工智能技术发展贯穿于武器装备建设的始终，全方位地推动了武器装备的发展。新旧武器之间的效力差成倍的扩大，战争的胜负越来越倚重于军事技术上的优势。在这种情势下，“非致命战争成为未来战争的重要形式”，已成为军事专家和政治家们的普遍共识。

经过 30 多年的发展，非致命性武器不仅是常规致命武器的必要补充，更是作为一种“中间打击能力”在局部战争及反恐维稳等非战争军事行动中发挥重要作用。长期以来，美国、俄罗斯及北约等国十分重视非致命性武器技术的研发、试验与应用。例如，美国国防部委托美国海军陆战队成立的“非致命性武器联合理事会”，作为美国的非致命性武器研发、采购的责任机构，定期向国防部提交非致命性武器技术发展计划和技术发展评估报告。

北约国家也早就意识到非致命性武器的发展潜力，积极营造非致命性能力创新条件及开发平台。例如，1999 年北大西洋理事会（North Atlantic Council，NAC）制定并公布了北约非致命性武器政策，该政策基于国防能力倡议（Defence Capabilities Initiative，DCI），认为非致命性武器是满足未来作战行动需要的一种关键的额外能力。2007 年北约决定，将使用非致命能力，并将其纳入扩大反恐防御工作计划（Defence Against Terrorism Programme of Work，DAT POW），且持续开展非致命性武器应用的演习、演示活动。

本书分别论述了非致命性武器的概念内涵、范围、分类及特点，以及国外非致命性武器发展战略与管理机制、物理类非致命性武器、化学类非致命性武器和非致命性武器使用与发展趋势。在全书正文后，作者将编写过程中研究或采纳的相关研究资料也收入本书，以期为研究非致命性武器技术发展提供更为详实的参考。本书视角新颖，观点独到，论述清楚，资料丰富，为开展非致命性武器理论研究及装备科技发展提供了理论先导。

在本书编写过程中得到军事科学院防化研究院、科技信息中心、中国兵器科学院，以及其他部队院校多名领导及机关的大力支持和帮助，在此表示衷心的感谢。

受资料来源和作者研究认知水平所限，书中难免存在错误和疏漏，也欢迎各界人士批评指正。

作者

目　录

第一章　关于非致命性武器

非致命性武器的产生和发展是科学技术发展的产物，也是时代变化的产物，相对于传统武器而言，非致命性武器是尚处于研制或探索之中的一类高技术武器。它与传统武器相比，在基本原理、杀伤破坏机理及作战方式上都有显著的不同，投入使用后往往能大幅度提高作战效能，而且能产生不同于常规武器的特殊效果。

20 世纪 90 年代初，美国提出了“非致命性武器”的概念。自 1993 年索马里战争中第一次使用非致命性武器，到后来的伊拉克战争中，非致命性武器越来越多地投入使用，之后经过 30 多年的发展，非致命性武器已广泛应用于局部战争及各类“反恐”“执法”和“维和”等非战争军事行动。

特别是近几年，许多国家已经广泛装备非致命性武器，并在维和、维稳、反恐、防暴等维护国家安全的非战争军事行动中优先使用，显现出良好的发展前景。非致命性武器，正作为常规致命性武器的必要补充，逐步被更多国家认可，并将进一步在战与非战等多个领域发挥重要作用。

第一节　非致命性武器的概念

美国认为，在具备强大的核武器威慑和进行各种常规作战的同时，一定要有一种特种装备，使美军能完成安保警戒和维和任务，有效处置局部冲突，同时保障在不使敌人过多伤亡、平民几乎不伤亡、物资和环境不遭到极大破坏的情况下完成任务，这类装备就是“非致命性武器”（Non-Lethal Weapon，NLW）。

海湾战争后，美国海军上尉麦克·马丁在一份上书美国国防部的研究报告中指出：“海湾战争首次向人们证明，取得一个战争的胜利并非一定要杀死很多人，陆军也不一定非打到对方首都。海湾战争任其多么激烈，却没有形成白骨成山、血流成河的场面。”“沙漠风暴”行动表明了美国已从过去那种滥杀无辜的战争模式中走出。那种目标不清、目的不明的狂轰滥炸已经成为过去。在海湾战争中，美国针对一种目标进行可选择的杀伤，而使无辜群众免受伤害，保存了大量的建筑和平民的生命财产，甚至挽救了不少伊拉克士兵的生命，这就是非致命战争。

以此为契机，20 世纪 90 年代，美军正式提出非致命性武器和非致命作战的概念。1992 年美国国防部颁布的“非致命性武器联合概念”（Jiont Concept of Non Lethal Weapons），在其中对“非致命性武器”概念给出了明确定义，并为世界其他一些国家所采纳使用。美国国防部对非致命性武器的描述是：为明确设计并主要使用的一类武器、装置和弹药，其目的是：立即使目标人员或物资丧失能力，同时最大限度地减少死亡人数，减少对人员造成永久性伤害，以及对目标区域或环境中的财产造成不良影响。

1996 年 3 月，美国在弗吉尼亚麦克莱恩举行的非致命性武器防务大会上正式命名“非致命性武器”。同年，美国国防部成立了国防部 NLW 计划执行机构，颁布的国防部指令 3000.03E1 定义了 NLW 开发和使用的政策和责任。在该文件中，海军陆战队被指定为国防部 NLW 执行机构（负责国防部关于所有与 NLW 有关事项的联络机构）。这项责任的一个重要内容是组织制定国防部 NLW 技术发展战略，管理对有前景的技术投资，以期望这些技术形成先进的非致命打击能力，能够在未来作战环境中为作战人员提供支持。

与传统的致命武器不同，非致命性武器不是通过爆炸、穿透和破片来摧毁目标，而是对目标只造成物理伤害使其丧失抵抗能力，一般不会对生命构成威胁（现执行的美国国防部第 3000.3 号指令《非致命性武器政策》，2003 年 11 月 21 日修订版）。

Weapons, that are explicitly designed and primarily employed so as to incapacitate personnel or material, while minimizing fatalities, permanent injury to personnel, and undesired damage to property and the environment. Unlike the conventional lethal weapons that destroy their targets through blast, penetration, and fragmentation, non-lethal weapons employ means other than gross physical destruction to prevent the target from functioning.（ESCALATION-OF-FORCE-OPTIONS, ANNUAL REPORT 2009. DEPARTMENT OF DEFENSE NON-LETHAL WEAPONS PROGRAM）

目前，世界各国对非致命性武器的定义和诠释不尽相同，NLW 是：①使人员和装备失去作用，把对人的致命性、永久性伤害，以及对财产和环境的故意破坏，降至最低限度的武器；②通过采用非物理毁灭的手段，使有生目标丧失战斗力、使装备设施失能或阻止其发挥正常作用的武器；③对有生目标没有杀伤作用，只使目标暂时失去战斗力的武器；④能够使人员或装备目标瞬间失能，且最大程度减少对人员的伤亡或永久性伤害以及对目标区内物资或环境的毁坏或影响的武器、装置和弹药等。

基于对非致命性武器使用目的、作用效能的考虑，有些国家还将非致命性武器称为防暴武器、失能武器、非杀伤性武器、非致命性武器或软杀伤武器……不论各国对非致命性武器的诠释和称谓有多么不同，强调非致命性武器非杀伤性，强调致目标暂时失能、失效的内涵是相同的。

综合研究认为：NLW 是设计用于实现军事目的，同时最大限度地减少人员伤亡和财产与设备的附带损害的一类“低杀伤性”武器。此外，NLW 可以帮助澄清对手的意图，并允许指挥官随着情况发展提升/减少对可疑目标的反应。因此，NLW 可用于帮助填补“恐吓和打击”之间的空白空间（通常被称为武力连续体的升级）。而武力升级可分类为四类单独的行动：第一，侦察，是为了了解和判断潜在的交战方、车辆或船只是否具有敌意；第二，行动迟滞，是为了能够阻止/击退/移动潜在的交战方、车辆或船只，使其无法到达或逃出受监控/安全区域；第三，拒止/阻止，是指使潜在交战方、车辆或船只能在受监控/安全区域活动的能力；第四，失能，是指使潜在的交战方、车辆或船只丧失能力（对无辜平民造成的伤害最小，对周围地区造成的附带损害最小），这种失能可以采取各种方式，如压制、禁用以及定向能武器等。

第二节　非致命性武器的分类

关于非致命性武器的分类方式有很多，可根据不同的作战用途、作用机理、结构形式等分为多种类型。目前流行的几种分类方式如下。

（1）按作用对象分类（较为通用的分类方法）。一是分为两大类，即针对人员的非致命性武器和针对非人员的其他物质非致命性武器，也可称为反人员非致命性武器和反物质非致命性武器两类。反人员非致命性武器主要用于控制人群、使人员失能、防止人员进入禁区、驱散建筑物或区域内人群；反物质非致命性武器主要用于切断地面车辆、舰船和飞机的通道或破坏摧毁这些平台或平台上的设备，使之失能，也可用于破坏或瘫痪各种指挥控制系统及作战设施和目标。二是可直接将反物质非致命性武器分成反装备和反设施等类型，即非致命性武器按作用对象分为反人员类非致命性武器、反装备类非致命性武器和反基础设施类非致命性武器，如图 1-1 所示。

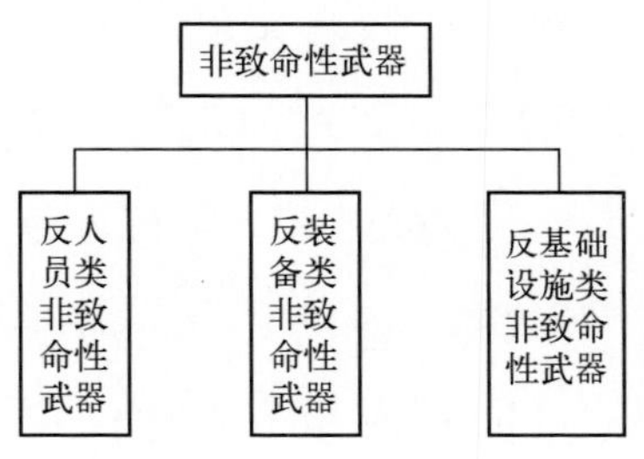

图 1-1　按作用对象分类

（2）按学科分类。按学科可分为物理类非致命性武器、化学类非致命性武器、生物类非致命性武器，以及心理类非致命性武器、网络计算机病毒等。在学科类别之下还可继续按作用对象进行次级分类，以化学类非致命性武器为例，如图 1-2 所示。

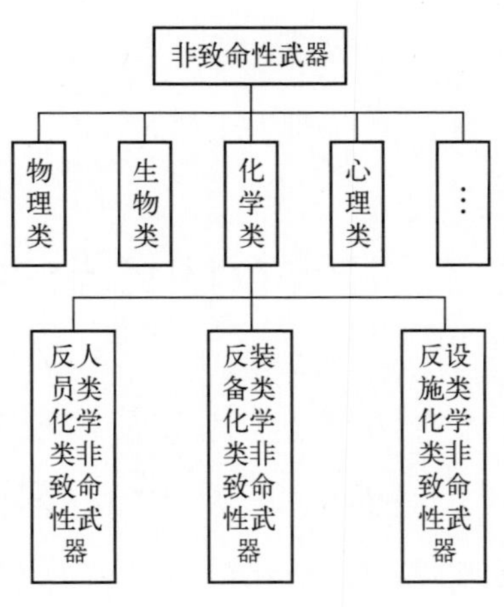

图 1-2　按学科分类

（3）按作用机理分类，比较复杂（一般不采用）。

① 化学失能类，即通过化学失能剂防暴剂等驱赶目标或使目标失能（属于化学类非致命性武器的范畴）。

② 动能（打击）失能类，属物理类非致命性武器的范畴。一般通过发射动能子弹来实现，使打击目标失去反抗能力。橡皮子弹和塑料子弹是人们最熟悉的动能打击射弹。近年来开发了各种各样的射弹，如橡皮子弹、豆苞弹（装有铅砂包的子弹）、环翼射弹等。

③ 电击失能类，属物理类非致命性武器的范畴。通过释放高压低电流电击使目标失能。电击武器目前大致有 4 种：电击枪（器）包括各种电击器和电击警棍，这类电击武器作用距离短，有效率低（一般只有 50%～60%），而且容易被滥用；以泰瑟枪为代表的有线电击射弹；正在研制和评估中的无线电击射弹；可以使人肌肉僵直的紫外激光电击武器。

④ 声光干扰失能类（转移分散注意力），属物理类非致命性武器的范畴，通过强光、高强度声响使人暂时致盲或失聪来分散目标的注意力，以达到控制目标的目的。这类武器包括各种声光榴弹和声光射弹、强光手电筒、激光眩目器等。

⑤ 拦截拒止类，也属于物理类非致命性武器范畴的非致命性武器，如钉排车辆阻拦器、缠绕抓捕网等。

第三节　非致命性武器的特点

非致命性武器的研制目的是考虑如何对敌方造成最小限度的伤亡而取得战争的胜利。虽然，非致命性武器不会完全取代现有的传统致命性武器，但随着这类武器的逐渐广泛运用，可能会对传统的作战方式造成冲击性的、颠覆性的影响，甚至可能改变未来战争的形态。

非致命性武器在军事作战的大部分情形下主要用来对付敌方军事设施和武器装备，以此来实现其军事目的，个别情形下也可能会对人体造成“暂时性”的伤害。在执法平暴情境下则以对付人员有生目标为主。目前研制成功的非致命性武器许多可以附加在传统武器上混合使用，从而形成一个可过渡的、连续的打击能力。

在政治方面，非致命性武器因其造成的损失远远小于传统武器所造成的损失，其使用有利于战争后的恢复与重建，有利于稳定局面，减少对方民众的仇视。此外应注意的是，非致命性武器目前自身存在许多局限性：除了政治、法律上条款的制约，由于受技术上的限制，如何在使用非致命性武器时保护己方免受其害等也有待解决。

一、非致命性

非致命性武器的主要作用是使目标失能和保护自身。因此，其不同于常规致命性打击武器或核生化大规模杀伤性武器，致命性武器的研制目的是考虑如何最大限度地杀伤或削弱敌方兵力，而非致命性武器研制的最大目的是致伤，而不是能致残、致死。在作用于武器装备和设备设施时，非致命性武器要能够限制其机动能力或作战效能，不以完全摧毁为目的。

二、暂时可逆

一般来说，非致命性武器对有生目标、武器装备及基础设施等的伤害作用都是暂时性的，大都具有可逆或可恢复性而不会造成永久性的破坏，在经过一定时间或在一定条件下，有生目标和武器装备一般都能够恢复正常。

三、快速起效

与杀伤武器相比，非致命性武器不需要剥夺有生目标的生命，因而威力较小，但应具备迅速作用目标使其丧失抵抗能力的威力。其作用一般表现在三个方面：一是利用各种原理，通过人体生理反应起作用导致人员迅速丧失抵抗能力；二是利用各种介质作用于目标，使目标的活动范围受到限制，迅速失去自由行动能力；三是非致命性武器的各种失能效果也会使不法分子产生惧怕心理，在处突中形成威慑力量。

四、有限使用

非致命性武器的核心还是其非致命性，但也并不意味着非致命性武器可以随意使用，而是要遵循一定的使用原则，经过专业的训练，掌握一定的操作规程，符合一定的使用条件才能达到既定的作战效果。否则，可能由于操作不当或者作用距离等原因，使非致命性武器对目标造成致命伤害。因此，有时非致命性武器并不像标榜的那样“人道”，在使用过程中要有限可控。

第四节　相关理论观点

非致命性武器概念的出现，主要是美国及一些西方国家为了未来军事作战和非战争军事行动的需要，从政策上寻求新作战理念，从行动上寻求新作战手段。

在海湾战争后，美国曾对非致命性武器的发展有诸多争论，并遭到了反战组织的抗议。1994 年，美国国防部认为，可适当采购和使用非致命性武器，进而加快了美国非致命性武器的发展速度，逐步建立了相应的专门机构和经费预算，并委任美国海军陆战队为国防部非致命性武器项目的执行主管部门。2005 年，美国国防部进一步明确了非致命性武器在国土防御中的地位，加强了非致命性武器对人体生理影响的基础研究，以及与国内执法部门的合作，共同开发使用了非致命性技术。与此同时，美国司法部也宣布加大非致命性武器的开发投入。2006 年，美国国防部再次强调加强非致命性武器在打击恐怖活动中的地位和作用。

俄罗斯认为，非致命性武器将在未来战争中发挥重要作用，并一直在寻求非致命性技术和能力。在莫斯科人质事件中使用的芬太尼衍生物发挥了重要作用，在多个武器展览会和非致命性武器研讨会上也展示了芬太尼衍生物的效力。

北大西洋公约组织于 1999 年制定了《北约非致命性武器政策》，鼓励各成员国制定非致命性武器相关军事行动的条令，将非致命性武器作为常规武器的补充。非致命性武器的研究、开发、采购、装备和使用都不应违反现有的条约、公约和国际法。

加拿大没有对外公布其非致命性武器的政策文件，但接受北大西洋公约组织的非致命性武器政策。

到目前，国内外对非致命性武器仍没有一个准确权威的定义，而“化学类非致命性武器”的提法更是不多见。国际上对非致命性武器给出较为明确定义的主要有美国、德国以及北约等国家和组织的多个版本。

美国对非致命性武器的定义有两个版本：一是 1996 年 3 月，在美国弗吉尼亚州麦克莱恩举行的非致命性武器防务大会上，非致命性武器被正式命名和定义:“非致命性武器是指使人员和装备暂时失去作战能力，把对人的致命性、永久性伤害，以及对装备、基础设施和环境的破坏降至最低限度的武器”; 二是美国非致命性武器联合需求审查委员会备忘录（JROCM）060-09 号《反人员联合非致命效应初始能力》和《反器材联合非致命效应初始能力》文件定义："能够使人员或装备目标瞬间失能，且最大程度减少对人员的伤亡或永久性伤害，以及对目标区域内物资或环境的毁坏或影响的武器、装置和弹药。非致命性武器能够对人员或装备目标产生可逆效应"。

此外，德国、北约也分别给出了非致命性武器的定义。德国非致命性武器定义："用于避免敌对冲突，不造成人员死亡或重伤的技术手段，并且这些手段对无辜的任务环境的附带效应最小。"北约定义："能限制或击退人员，对人员造成的死亡率或永久伤害性，以及对装备、环境的损害和影响都很小的武器。"

我国在非致命性武器相关领域的研究和使用中，采用美国两个定义进行表述的最多。

另外，在我国《国防科技名词大典》和《军事辞海》也对非致命性武器做了定义和表述。

《国防科技名词大典》给出的定义为："非致命性武器又称失能武器。能够在尽量减少人员死亡和不对设备、设施、环境造成大规模破坏的情况下，使人员或武器装备暂时或永久丧失部分或全部作战能力的武器。"

《军事辞海》给出的定义为："非致命性武器亦称失能武器或非杀伤武器或弱杀伤武器。用于阻止或牵制敌人，使人和武器丧失作战能力，但并非造成大批人员伤亡和设施、环境遭到严重破坏的武器。按用途，分为对付人和武器的两大类。"

2015 年，由中国工程院苏哲子等 8 位院士在"我国非致命性武器装备能力建设咨询研究"报告中提出了中国工程院关于非致命性武器的定义："使有生目标迅速暂时失去行为能力或使装备失去使用功能，同时将对有生目标的严重伤害和致残、致死率降至最低程度的武器装备。”这一定义是从使用角度进行界定。明确了作用对象为两类：人和装备。着重强调了非致命性武器也有致伤致死性，只是追求的作战目的是将有生目标的严重伤害和致残、致死率降至最低程度。

以上国内外这些定义虽在表述上有所侧重，但对非致命性武器的核心含义的认识是基本一致的，即设计和研发非致命性武器的初衷是在达成作战目的情况下，最大程度地减少对作用目标的伤害和环境的破坏；使用目的是使作用目标暂时失能，而不是杀伤和损毁；使用完毕作用效果在一段时间后可以自行解除或通过简单处理后解除。

第二章　国外非致命性武器发展战略与管理机制

非致命性武器可以在解决各种冲突过程中作为致命性武器的必要补充，为指挥官解决问题提供了更多灵活的手段，因此被称为部队战斗力的“倍增器”。经过 30 年的发展，尽管在经费、理念，以及技术等方面存在一定制约，但是非致命性武器在维和保障、反恐、解决地区冲突和不对称威胁等威胁情势下，因其独特的作用和吸引力，仍显示出强劲的发展势头。

美国是最先提出并倡导使用非致命性武器的国家，其发展策略和发展经验具有一定参考价值。美国的非致命性武器装备，无论是技术水平还是装备性能都处于世界领先水平。因此，本章以美国为代表，主要综述美国非致命性武器装备的战略、计划及管理举措，此外也简单介绍了北约及俄罗斯等非致命性武器的相关发展战略与管理机制。

第一节　美国非致命性武器发展战略与规划

美国认为，美国的非致命性武器计划应该由最先进的非致命性武器、弹药及装置等组成。美国国防部联合非致命性武器计划，涵盖了美四大军种，以及海岸警卫队所有使用的非致命性武器。所有的研究发展活动都根据国防部 5000.2 指令“防御采买计划命令程序”密切调控，同时也接受专业采买机构的管理。国家授权批准“联合非致命性武器计划”，为国防部发展和提供综合性的非致命性武器技术，以满足国会需求和向军方提供“最好”的非致命性武器。

一、发展战略与规划历程

早在 1996 年美国国防部颁布了《非致命性武器政策》，正式将非致命性武器研制与使用纳入美军军事发展战略。

2005 年，美国国防部制订了关于非致命性武器的“新科学技术计划”，目的是设计一系列非致命性武器弹药，用于非战争军事行动中，阻止或驱散特定的目标，同时又把对人员的杀伤和对财产的破坏降低至最低程度，避免事态扩大和冲突升级。按照该计划，美军开展了多项非致命性武器和技术研究，研制出多种非致命性武器装备，有些非致命性武器已经装备美军，用于国内反恐防暴行动和伊拉克战场。

2008 年 2 月，美国国防部完成了基于非致命能力的需求评估，形成了非致命效能（应）联合能力文件（JCD）。2009 年初完成了涵盖陆军、海军、空军、海军陆战队、海岸警卫队和特种部队所有军兵种的非致命性武器的顶层需求分析；通过对非致命能力空白的分析，国防部提出了在接下来的若干年，集中力量开展非致命性武器与非致命通用技术的研究，以填补能力空白。

2009 年以来，为满足联合紧急作战需求目标，美国不断提出非致命性武器装备研究的滚动发展计划。按照不同时间段的发展要求，美国国防部 2009 年发布了非致命性武器发展计划《国防部非致命性武器项目报告》，如表 2-1 所列，提出若干重点发展的非致命性武器装备项目，其目的是致力于研发和装备精确、高效的远程轻型非致命性武器，以满足美军的作战需求。该报告介绍了非致命性武器装备的现有能力情况，结合各军种非致命能力，以及美国国防部非致命性武器项目开发取得的成果，空爆非致命弹药、联合非致命警示弹药、改进型闪光榴弹、改进型声音吓止装置等一些非致命性武器已进入正式采办程序，即将列入部队采购计划。报告指出，美国非致命性武器项目研发的重点是定向能和动能武器及弹药，包括非致命能力装置、声学装置、眩目激光器。从报告可以看出，美国希望通过发展技术类武器扩大现有技术的应用范围，为部队提供先进的非致命能力；同时希望在人体效应研究、采办、需求生成、科学、技术，以及非致命性武器训练和教育等方面取得研究成果，为开展支援部队所需的各项改进奠定基础。

表 2-1　美国国防部 2009 年发布的非致命性武器发展计划

发展阶段	目标	项目类型	重点发展项目
2009—2010 年	重点发展多用途、容易训练、便宜、现有武器平台可以使用的非致命性武器，以满足当前的紧急需求或2010年前装备使用	发展能力（武器化）	改进型声音吓止系统、联合非致命警示弹药、MK19 非致命弹药、X26E 增程泰瑟枪、车辆轻型阻拦装置、先进非致命弹丸、分布式噪声和强光警示系统
		潜在技术	高级非致命射弹、分布式声光阵列
		人体效应研究	非致命性武器效能研究，热激光生物学效应、非致命性驾驶员光迷茫效应、水下声武器生物学效应研究
2011—2013 年	提高满足现方案要求的水平，满足 2～5 年内装备需求	发展能力（武器化）	改进型闪光弹、非致命空爆弹药、任务有效载荷模块化非致命性武器系统
		人体效应研究	人体电子肌肉失能生物学效应
2014 年及以后	为未来需求提出解决方案	发展能力（武器化）	主动拒止系统、无线电频率船只拒止装置、多频率车辆阻拦系统、预先安放的电气车辆阻拦装置
		潜在技术	下一代主动拒止技术、射频舰船阻截技术、改进的驾驶员光迷盲技术、激光器挡风玻璃屏蔽

二、现有装备能力

2010 年，美军公布了针对有生目标（人员）的非致命性武器装备情况和计划开发研究的项目，其中有些项目已形成样机正在测试中，如表 2-2、表 2-3 所列。

表 2-2　美国反人员非致命性武器装备情况

装备型号	系统描述	使用单位
12 号口径霰弹枪	尾翼稳定橡胶弹、橡胶球、装填染料的豆袋弹	陆军、海军陆战队、海军、空军、海岸警卫队
M203 式 40mm 枪榴弹发射器	橡胶球、泡沫乳胶、海绵弹	陆军、海军陆战队、海军、空军
来福枪	“点”“面”橡胶球弹，可在 30～80m 内使用	陆军
橡胶球榴弹	手榴弹（内含橡胶球弹）	海军陆战队、海军、空军
66mm 车辆发射非致命榴弹	发射 66mm 橡胶球弹，有效距离 80～100m	陆军、海军陆战队
人群控制弹药（MCCM）	“大剑”反人员地雷的变型，发射橡胶球弹	陆军
FN303 非致命性武器系统	通过压缩空气发射不同载荷的弹药，可装填 OC、染料等	陆军、海军陆战队、军警
辣椒素（OC）喷剂	可喷射 25 英尺（7.62m）或更远距离的辣椒素	陆军、海军陆战队、空军
西阿尔（CR）喷剂	可喷射 25 英尺（7.62m）或更远距离	陆军
66mm 车辆发射非致命榴弹	66mm CS 榴弹，射程为 65～95m	陆军
M26 / X26 泰瑟枪	电子致晕枪，也被称为电子肌肉失能器	陆军、海军陆战队、军警
高强光	通过固定的氙气灯或红外手电照射 1900 码（1.74km）之外的人员	陆军、海军陆战队
高强光	手持的氙气手电照射或者模糊视野	陆军、海军陆战队
12 号霰弹枪	闪光弹爆炸产生爆炸声以及强光使人员迷失方向	陆军、空军

续表

装备型号	系统描述	使用单位
闪光榴弹	手掷榴弹爆炸产生爆炸声以及强光使人员迷失方向	陆军
66mm 车辆发射非致命榴弹（LVOSS）	66mm 闪光弹爆炸产生爆炸声以及强光使80～100m 内人员迷失方向	陆军、海军陆战队
远距离声学装置	用作扬声器，也可造成人员耳朵不适，近距离会对耳朵造成伤害	陆军、海军陆战队、海军、军警
劝阻者激光照射器	类似手电筒大小，通过红色激光二极管产生激光使人员炫目或闪光盲，但是近距离会造成人员自身的永久失明	空军
绿色激光致眩武器	可手持也可固定安装	陆军
12 口径霰弹枪	标准霰弹枪（Mossberg）	陆军、海军陆战队
XM26 轻型霰弹枪系统	为标准卡宾枪（C-More 系统）设计的安装在枪管下的附件	陆军
M203 式 40mm 榴弹发射器	M16 步枪的配用的 40mm 枪挂榴弹发射器	陆军，海军、海军陆战队、空军
66mm 车辆发射非致命榴弹（LVOSS）	车载 66mm 榴弹发射器	陆军、海军陆战队

表 2-3　美军反人员非致命性武器开发计划

装备型号	系统描述	研发机构
MK19 非致命弹药	通过 MK19 榴弹机枪发射内含 1～3 塑料弹丸的钝伤弹药，环翼手榴弹同样是潜在的有效载荷，带有“闪光”载荷的远程武器正在研发中	ARDEC、非致命性武器联合理事会（JNLWD）
移动拒止系统	通过化学润滑剂来实现对人员或车辆的拒止，可以经由背包或车载喷射装置发射	JNLWD、ECBC、西南研究所
泰瑟反人员弹药	泰瑟反人员地雷在 21 英尺（6.4m）的范围内通过红外传感器引爆，该项目是陆军非致命弹药发展计划的一部分	ARDEC、泰瑟国际、General ynamics-OTS
增程电子弹药	从 12 口径（18.5mm）的霰弹枪发射电子弹药射程为 30m	ONR、泰瑟国际
联合非致命警示弹药	通过 18mm 和 40mm 闪光弹在固定的100m、200m 和 300m 范围内起作用	NSWC、JNLWD、Crane、宇航电子公司、联合系统公司
声学驱散装置	大量能发出远距离定向声音的声学装置正在评估中。可以被用于通信但是同样可以造成耳朵疼痛以及在近距离和高能水平时候的不适	ARDEC、JNLWD

续表

装备型号	系统描述	研发机构
主动拒止系统	车载毫米波定向能武器，可以通过加热皮肤产生疼痛效果；100kW，距离大于 750m	AFRL、JNLWD、雷声公司
寂静卫士	固定或安装在卡车上的 ADS 系统，适用于中程应用；30kW，距离大于 200m	雷声公司
便携式主动拒止系统	安装在三脚架上的 ADS 系统；400W，近程	AFRL、DOE OFT、雷声公司
手持式主动拒止系统	对手持主动拒止系统发展的研究	DOJ、JNLWD、雷声公司
脉冲能射弹	在目标表面利用高能脉冲化学激光制造等离子体“冲击波”	JNLWD
人员拦截与刺激响应装置	激光武器发出两种波长的激光，一是人员致眩，二是人员驱散。项目最初称为便携式高效激光试验台（PELT）	AFRL、JNLWD
空炸非致命弹药	在弹药接触到目标之前便爆炸，在 250m 的范围内释放能量；低速 25mm 弹药和高速 40mm 弹药均在研；可以释放化学物质、动能、闪光以及电击	AREDC、JNLWD、宾州州立大学、ECBC
81mm 非致命迫击炮	研发能在 2.5km 范围内发射非致命弹药的迫击炮弹。最初考虑是利用高空液体喷洒系统（OLDS）来发射化学非致命弹药	ARL、ECBC、联合防务公司
XM1063	155mm 子母弹包含大量的弹药，可以在 15～25km 范围内发射多种类型装药。正在考虑使用液态化学装药	AREDC、ECBC、通用动力公司
任务装药模块化—非致命性武器系统	计划在车辆平台上集成发射系统，可以发射多种弹药，包括致命武器和非致命性武器，如烟雾弹、闪光弹、钝击弹等。40mmVENOM 和金属风暴（Metal Storm）系统在考虑当中	AREDC、JNLWD
战术无人地面车辆	TUGV 可作为远程控制发射致命或非致命性武器的平台，正在考虑集成多种非致命过载	JNLWD、ONR

注：①1 英尺=30.48cm；②1 码=0.91m。

2011 年，美国国防部联合非致命项目办公室发布《国防部非致命性武器项目报告》。该报告总结了 2010 年国防部非致命性武器项目发展情况，公布了 2011 年国防部非致命性武器项目计划和能力开发。在 2011 财年期间，美国国防部非致命性武器项目将继续以满足联合作战紧急需求为目标，采购和装备车辆轻型拦阻网、改进型声学吓止装置和 40mm 非致命增程型目标指示弹等非致命性武器装备；进行车辆阻截、舰船阻截和主动拒止技术演示，开展多项对付有生目标和车辆、舰船等非致命性武器项目和能力的开发。重点项目有：40mm 人体电击肌肉失能弹丸、空爆非致命弹药、改进型闪光榴弹、任务有效载荷模块、分布式声光阵列、预设电力车辆拦阻装置、舰船阻截网、多频段射频车辆拦阻装置和具有远程部署装置的“单网”车辆轻型拦阻装置等。同年 6 月，该办公室又公布了美国正在研制的可用于威慑、驱散和压制可疑个体目标，或使目标暂时失能，可以最大限度地减少军事行动中人员伤亡和附带损伤的非致命性武器项目，主要有联合一体化项目、纳秒电脉冲（nsEP）、热激光武器系统、主动拒止技术、分布式声光阵列、射频车辆阻拦装置和先进非致命弹丸材料等。其中，联合一体化项目是美国三军共同参与的项目，重点是将现有的非致命性武器装备集成到一起，实现非致命性武器装备的多功能化，提高其作用效能。

2012 年，美国国防部非致命性武器联合理事会发布了《美国非致命性武器手册》（2011），该手册详细列举了美军现役非致命性武器、在研非致命性武器，以及非致命性武器样机和概念型非致命性武器等 4 类非致命性武器产品，包括其现状、牵头单位、目标类型、用途、概述、应用范围和作用效应等指标，对一些在研的非致命性武器项目还提出了计划部署时间。例如，XM1112 空爆非致命弹药和绿色激光阻截系统计划 2012 财年部署美国陆军，改进型闪光榴弹计划 2013 财年部署特种作战部队，人眼干扰装置和任务有效载荷模块非致命性武器系统分别在 2014 财年、2016 财年部署美国海军陆战队。

三、发布中长期科技战略计划

2016 年，JNLWD 又制定了《2016—2025 联合非致命性武器科学技术战略计划》，规划了未来 10 年的非致命性武器技术发展方向，通过规划非致命性武器技术的滚动发展，满足即时作战与反恐任务急需，并以期一直保持技术优势赢得未来战争。根据计划，美国将未来非致命性武器技术发展目标主要分为失能（消减/丧失）和使能（能力增强）两大方向，并按照近期（2016—2018 财年）、中期（2019—2021 财年）、远期（2022 财年以后）三个阶段制订具体发展规划，概述了一系列科技目标（S&T objectives，STOs），如表 2-4 所列。战略以 2025 年的能力为重点，制订了逐步发展的技术开发计划，包括科技目标能力（STO-Capability，STO-C）和科技目标助推器（STO-Enabler，STO-Es）双重结构。科技目标能力是指与反人员和反物质联合非致命效果的初始能力文件（Initial Capability Documents，ICDs）中的要求和/或来自美国各军种和作战司令部的新需求相联系的科技目标，包括反物质（车辆、中小型船只、无人系统）、反人员（移动和拒止、压制、失能）、反设施和反设备方面的能力。科技目标助推器是指有助于提高技术水平或增加最有前途的非致命性武器技术的知识基础的科技目标。这些技术已被证明对作战人员具有非致命性效力，但需要进一步研究和/或开发以优化其效用。这些技术包括：定向能技术，主要侧重于用来阻止车辆、船只和其他系统的高功率无线频率（High Power Radio Frequency，HPRF）技术和通常称为主动拒止技术的用来反人员（移动、拒止、压制或失能）的毫米波（范围在 30～300GHz）、电磁能技术；人体效应表征技术；声光技术（在一定距离的武力增强、闪光与爆炸）；人体肌电失能技术。

表 2-4　2016—2025 年美国非致命性武器项目联合战略计划

类别	作用目标	具体类型	近期目标	中期目标	远期目标
失能	装备	车辆	多任务模块化可移动的战术系统，可阻止任意尺寸/重量/速度的单个车辆。完成静止状态下 175m 范围内车辆作用演示试验；运动状态下，50m 范围内车辆的作用演示试验	多任务模块化机动的战术系统，可阻止 175m 范围内任意尺寸/重量/速度的单个或多个车辆，支撑护卫能力。完成运动状态下对目标的作用试验，并能在相关行动执行周期内对目标产生作用	多任务模块化机动的战术系统，可对任意尺寸/重量/速度的单个或多个车辆实施拒止或使之失能，实现近距离和远距离（大于 2200m）的作战行动支持。完成运动状态下对目标的作用试验，并能在相关行动执行周期内对目标产生作用
		小/中型船只	可装载在船上的系统，载船能够在有限水域或沿海阻止至少 100m 范围内水面上的单只小船	可装载在船只上的系统，载船能够在有限水域或沿海阻止至少 500m 范围内水面上的多只或单只中型/小型船只	可装载在船只或者飞行器上的有人/无人系统，能够在公海三级海况条件下，载基（船只或者飞机）阻止（或使之失能）至少 1000m 范围内水面上的多只或单只中型/小型船只
		无人系统	调研需求和技术发展前景，确定非致命性武器项目计划在该领域的实施程度。视情与相关人员协调制定战略目标	—	
	人员	驱散/拒止	一套可移动的战术系统，可驱散/阻止 300m 外多个服从和不服从命令的个人	在静止或者运动条件下，一台车载战术系统，可驱散/阻止 300m 外多个服从和不服从命令的个人	班组或单人系统，在运动条件下驱散/阻止 300m 外多个服从和不服从命令的个人
		压制	—	在船上或机上的有限空间内，压制多个服从和不服从命令的个人	—
		失能	—	在 2～100m 范围内使单人失能 1min	在精确位置信息未知的条件下，使有限空间内多人失能 1min
	设施和设备	设施	—	对有潜力的对抗设施技术领域开展探索研究	阻止接近设施或船只，时间不低于 60min
		设备	使可影响的个体/目标上的电子设备中断或性能下降	使特定设施内的电子设备中断或性能下降	使特定设施内的电子设备（包括加固的和军用设备）中断或性能下降

续表

类别	作用目标	具体类型	近期目标	中期目标	远期目标
使能	定向能技术	高功率射频技术	通过促进兆瓦级波导和转接器，新型介质和绝缘体，以及对多种目标的最优频率和峰值功率需求表征等研究，提高高功率射频系统的可靠性	发展固态可调谐高功率射频源，验证目标模型和效能最优化技术，降低高功率射频源的尺寸/重量/功耗和制冷需求	追求可电子扫描的高功率射频源，发展非视距高功率射频武器或载荷，提高远程机动能力
		毫米波主动拒止技术	采用新型天线结构，促进系统尺寸/重量/功耗和制冷需求的性能提升，提高初始能源和 95Hz 毫米波的产生效率，提升全系统制冷能力。追求提高主动拒止精确瞄准和单个目标交战的技术	发展后续固态和真空管可调谐毫米波技术，进一步优化当前各种第一代主动拒止技术，形成更加有效的近距离（0～500m）和远距离（500～1000m）主动拒止系统类型。从比较系统效能和波形占空比的角度研究 95Hz 之外其他毫米波频段的性能评估参量空间	追求紧凑、高效的新型源发生技术，研究手持式主动拒止系统，将主动拒止技术与其他致命和非致命性武器协同使用
	人体效应表征		完善预测模型和试验替代者技术，支持当前的研究课题和计划。研究一套热致损伤模型，支持毫米波性能评估参量空间研究	研究针对非致命攻击（含联合效应）的响应行为的预测模型	面向未来非致命性武器攻击和技术投入发展模型和试验替代者技术，促进新技术与系统研制协调发展
	声光技术 1（能力提升）		降低声学驱动的尺寸/重量/功耗和制冷需求，增加单程作用距离和清晰度，提高稳定性和瞄准能力，结合光学辅助的安全技术	研究声束电子转向技术，发展新型声学驱动技术。将声光技术与其他致命和非致命性武器协同使用，提升作战能力	发展手持式声光系统，用于分布式徒步作战，探索可穿透结构障碍的清晰声音的新技术
	声光技术 2（声光弹）		研究非烟火型声光弹设备，达到或超过已装备的声光弹的声学和光学输出性能	将非烟火型声光弹融入其他武器构成	寻找降低尺寸/重量/功耗和制冷需求的手榴弹规模的非烟火型声光弹新技术
	人体电—肌失能		提升作用距离，通过推进控制和飞行稳定技术提高精度。提高视觉和电极配件技术，降低严重伤亡概率	研究新型电子波束（包括亚微米脉冲）及其在提高对人作用性能方面的潜力	多目标交战能力，发展电—肌失能装置发射器或装备，使其可以对多个目标进行压制或使其失能

续表

类别	作用目标	具体类型	近期目标	中期目标	远期目标
使能	创新机遇		（1）对抗装备的能力和技术：阻止潜航器、大型船只、飞行器，燃烧调节器； （2）对抗人体的能力和技术：激光对人体的效能、无需人员进入的封闭空间清场、恶臭物、阻止游泳者； （3）非致命性武器对人的效能研究：不同文化背景人群（个体）对非致命性武器刺激的反应； （4）通用研究领域：自动化的非致命性武器发射系统和装备，先进材料		

2016—2025年美国非致命性武器项目联合战略计划强调了发展定向能方面的重要使能技术，以解决非致命能力的差距和新出现的需求。定向能目前是最有希望实现技术能力飞跃的途径。该计划还强调了在人体效应研究、传导能武器（人体肌肉失能）以及声光技术方面的其他投资目标。

2016—2025年美国非致命性武器项目联合战略计划[①]指出，在非致命性武器项目联合计划和美国各军种的支持下，美国目前的非致命性武器加强了从维持和平与人道主义援助到重大战斗行动的所有任务，使指挥官能够在“喊话”和“射击”之间提供一系列武力升级的选择，从而对局势作出反应。展望未来，随着遇到新的、严酷的作战环境和越来越快的技术变革步伐，军队的视角将发生变化。在大城市和分散战场的行动，以及定向能武器和无人驾驶系统的技术进步等战略驱动因素，将挑战联合部队处理未来军事行动的方式。这些发展将需要新的非致命性能力来应对复杂作战模式的威胁并减少预算。

① https://jnlwp.defense.gov/Portals/50/Documents/Resources/Publications/Government_Reports/JNLWP_ST_Strategic_Plan_FINAL_Distro_A.pdf

第二节　美国非致命性武器管理机制

一、管理组织机制

美国是非致命性武器技术的最先倡导者和发起者，美军建有完善的非致命性武器管理、研发和保障体系。

美国国防部的非致命性武器计划是在 Gen Zinni 将军和其在索马里“恢复希望行动”中的经验推动下于 1996 年创建的①。美国 1996 财年《国防授权法》指示美国国防部集中开发非致命性武器。1996 年 7 月 9 日，美国国防部发布了第 3000.3 号指令《非致命性武器政策》，确立了美国国防部发展和使用非致命性武器的政策和责任，并指定美国海军陆战队司令部（Commandant of the Marine Corps，CMC）为美国国防部非致命性武器计划的执行机构。

1997 年 7 月 1 日，在美国海军陆战队匡迪科基地成立了“非致命性武器联合理事会”，成为实际上的非致命性武器执行机构，负责美国国防部非致命性武器计划的日常管理。非致命性武器联合理事会与许多机构合作，最主要的是美国各军种，包括美国海岸警卫队和美国特种作战司令部、美国联合作战司令部、美国国防部各机构，以及美国国务院、美国国土安全部和美国司法部和其他对非致命性开发感兴趣的政府组织②。

以 1996 年启动的美国国防部非致命性武器计划为抓手，国防部组织非致命性武器管理执行机构通过该计划激励和协调美国各军种的非致命性武器需求，并为了帮助满足这些需求统筹分配各方资源；美国各军种作战指挥官通过一个联合程序与国防部执行机构合作，

① https://www.dsiac.org/wp-content/uploads/2021/01/DSIAC-Webinar-DE-Intermediate-Force-Capabilities.pdf

② https://jnlwp.defense.gov/About/History/

确定各军种的非致命性武器需求并协调研究、开发和采购的规划、计划和资金。

在国防部体系框架内，非致命性武器计划由负责特种作战/低密度冲突的助理国防部长和负责采购、技术与后勤的国防部副部长共同领导；国防部负责采购和维护（Under Secretary of Defense for Acquisition and Sustainment，USD/A&S）的副部长主要负责国防部非致命性武器计划的监督，美国国防部负责研究和工程的副部长（USD for Research and Engineering，USD/R&E）负责技术监督，美国国防部负责政策的副部长（USD for Policy，USD/P）负责政策监督。

美国海军陆战队是美国国防部非致命性武器执行机构，海军陆战队司令官担任国防部非致命性武器总执行官。

JNLWD 与许多单位或机构合作。最核心的是“联合非致命性武器计划”（JNLWP）由 6 名具有投票权的成员单位组成。这些成员来自 4 个军种（美国空军、海军陆战队、海军、陆军），以及美国海岸警卫队和特种作战司令部，是它们之间的联络纽带。JNLWP 还包括一些非投票成员，以及 NLW 技术开发的合作伙伴，都是与推进（或使用）下一代 NLW 直接相关的机构，如图 2-1 所示。此外，四大军种和海岸警卫队也都建立了自己的非致命性武器管理部门，协同执行整个非致命性武器计划，明确确定自身发展需求，开展相关探索研究。

非致命性武器的海军陆战队执行机构下设联合集成产品小组（Joint Integrated Product Team，JIPT），该小组由一名海军将军及多名其他军种的高级将领组成的指导机构，具体执行监督，向国防部及执行机构提供建议。集成产品组下辖的非致命性武器联合理事会是职能部门，具体对国防部、各军种非致命性武器的研发、采办、维修进行管理、协调。

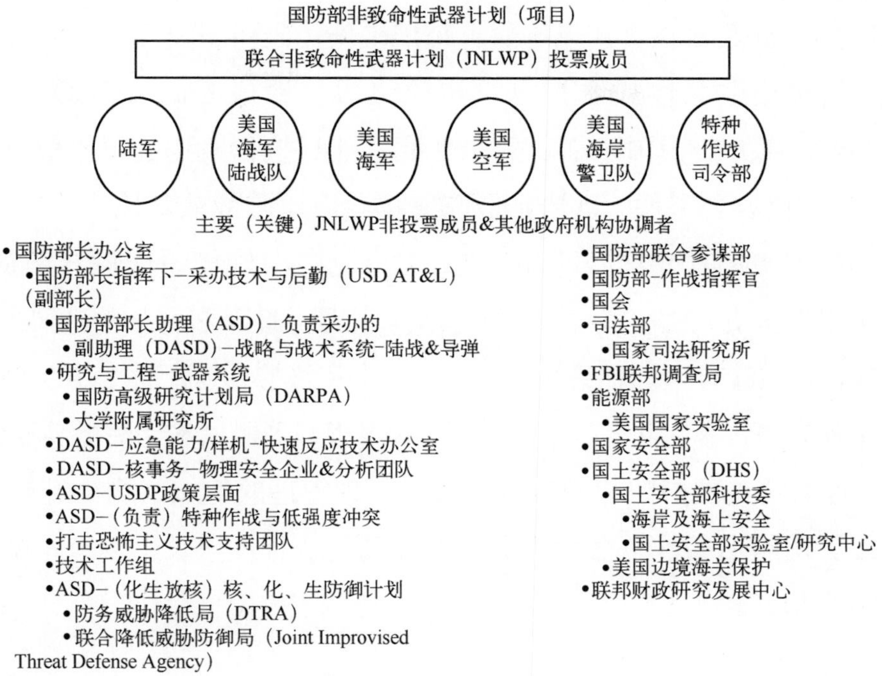

国防部非致命性武器计划（项目）

联合非致命性武器计划（JNLWP）投票成员

陆军
美国海军陆战队
美国海军
美国空军
美国海岸警卫队
特种作战司令部

主要（关键）JNLWP非投票成员&其他政府机构协调者

- 国防部长办公室
  - 国防部长指挥下–采办技术与后勤（USD AT&L）（副部长）
    - 国防部部长助理（ASD）–负责采办的
      - 副助理（DASD）–战略与战术系统–陆战&导弹
    - 研究与工程–武器系统
      - 国防高级研究计划局（DARPA）
      - 大学附属研究所
    - DASD–应急能力/样机–快速反应技术办公室
    - DASD–核事务–物理安全企业&分析团队
    - ASD–USDP政策层面
    - ASD–（负责）特种作战与低强度冲突
    - 打击恐怖主义技术支持团队
    - 技术工作组
    - ASD–（化生放核）核、化、生防御计划
      - 防务威胁降低局（DTRA）
      - 联合降低威胁防御局（Joint Improvised Threat Defense Agency）

- 国防部联合参谋部
- 国防部–作战指挥官
- 国会
- 司法部
  - 国家司法研究所
- FBI联邦调查局
- 能源部
  - 美国国家实验室
- 国家安全部
- 国土安全部（DHS）
  - 国土安全部科技委
    - 海岸及海上安全
    - 国土安全部实验室/研究中心
  - 美国边境海关保护
- 联邦财政研究发展中心

图 2-1　JNLWP 投票和关键无表决权成员

美国国防部非致命性武器计划的组织结构自成立以来一直保持相对不变。直到 2020 年美国国防部着手更新该计划的管理结构，评估“联合中间打击能力办公室”的组织方式，以优化对美国各军种的支持，将重点扩大到步兵、装甲、水面战斗人员、航空和其他作战群体，以便为其提供更多的机会，更好地履行执行机构的管理职责，进一步提高联合部队整合“中间打击能力”的可能性[①]。

2020 年 5 月，国防部非致命性武器管理机构进行了改组，撤销了非致命性武器联合理事会，全新组建了“联合中间打击能力办公室”（Joint Intermediate Force Capabilities Office，JIFCO），以及联合非致命性武器产品综合组，后者负责审查并建议、核准国防部拟议

① https://jnlwp.defense.gov/Portals/50/Documents/Resources/Publications/Government_Reports/DoD%20Non-Lethal%20Weapons%20Program%20Planning%20Guidance%20March%202020.pdf?ver=2020-05-13-135329-303

的非致命性武器预算，以确保各部门之间不发生重复工作。

此次非致命性武器执行机构改组后，新成立的 JIFCO 替代 JNLWD 成为美国国防部非致命性武器计划执行机构的日常管理办公室[①]。该办公室位于弗吉尼亚州匡提科海军陆战队基地。

在现行的美国国防部非致命性武器计划中，改组后的"联合集成产品小组"负责人由美国海军陆战队负责计划、政策和行动的副司令官担任，与 JIFCO 一起促进执行机构的职责和日常计划管理[②]。JIFCO 和各军种为非致命性武器的科技、研究和开发以及测试和评估提供资金。

目前的美国国防部非致命性武器计划管理的组织结构，如图 2-2 所示。改组后的非致命性武器发展计划的执行理事长仍由海军陆战队司令担任。

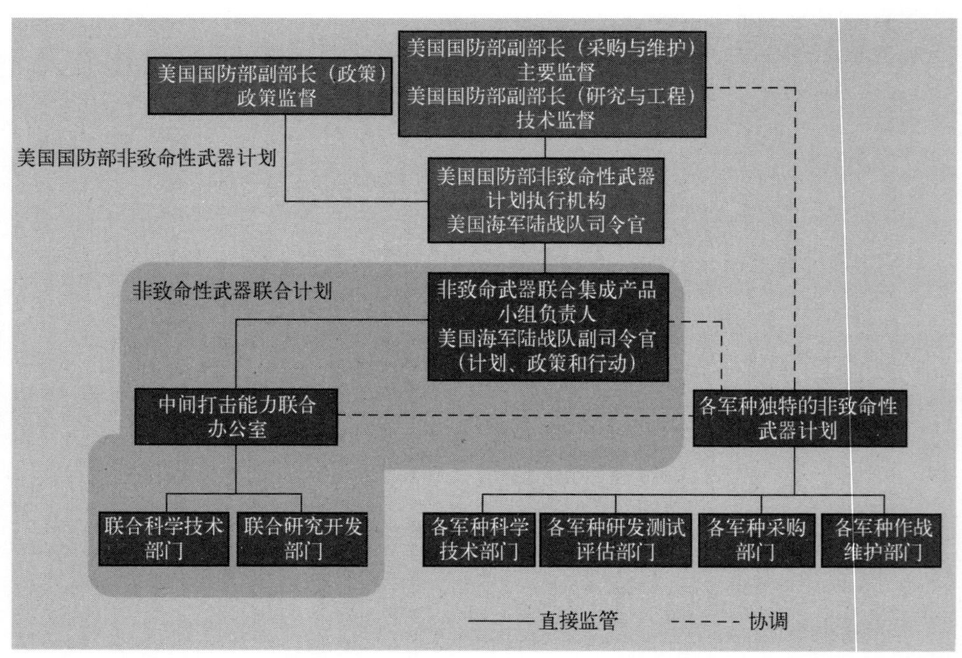

图 2-2 美国国防部非致命性武器计划现行组织结构

① https://jnlwp.defense.gov/About/Organization/

② https://jnlwp.defense.gov/Portals/50/Documents/Resources/Publications/Government_Reports/DoD%20Non-Lethal%20Weapons%20Program%20Planning%20Guidance%20March%202020.pdf?ver=2020-05-13-135329-303

此次改组，是美国国防部非致命计划历史上的一次里程碑式的变革，它确保了美国国防部将“中间打击能力”（非致命打击能力）作为一类重要打击手段，相关工具的使用都纳入主战武力（装备）[①]。

二、相关管理政策

美国国防部通过发布条令制定非致命性武器政策，规范美军在非常规战争中执行稳定行动的准则，如《非致命性武器政策》《非常规战争》《稳定行动》《民事防务支援》《国防部人员在从事安全、法律和秩序或反间行动中携带枪支和使用武力》等。

美军还制定了一系列政策和管理规定，规范非致命性武器装备项目的研发程序和使用要求，如《主动拒止系统政策》《陆军部“泰瑟”枪执法安全政策》《国防部激光致盲政策》《人体电击肌肉失能装置》（海军作战部长办公室指示）《海军陆战队训练和使用辣椒油树脂喷雾指南（修订版）》《国防部激光防护项目指令》《联合系统安全审查指南（适用于致盲武器）》《部队防护装备和非致命性武器的作战测试与评估及生存能力测试政策》等。对于新研发的模块化骚乱人群控制弹、视觉干扰装置等非致命性武器装备项目，美国国防部还提出了需要进行合法性审查的要求。

在警察执法方面，美国相关法律法规允许警察在执法行动中使用非致命性武器装备，同时要求警用非致命性武器装备的研制管理必须遵守相关的法规制度，并按照国家司法研究所制定的研发、测试和评估流程进行警用非致命性武器装备的研制和开发；警用非致命性武器装备采购根据《美国联邦采购法》和《美国司法采购法》的规定进行。

---

① https://jnlwp.defense.gov/About/History/

三、美国非致命性武器计划的使命与目标

美国非致命性武器计划/投资已经持续了25年。2019年，美国开展了一项由高层领导参与的研究审查项目，对该计划的结构、权益、战略，主要涉及效率、效果、已知和新出现的能力差距，以及与《美国国防战略》的一致性等进行评估。最终，该计划利益相关者修正更新了美国国防部非致命性武器计划的使命和愿景（目标）[①]。美国国防部非致命性武器计划的使命是开发和部署介于存在和致命影响之间的“中间打击能力”，以支持联合部队。

美国国防部非致命性武器计划的愿景（目标）是通过将“中间打击能力”纳入主流打击武器发展规划和使用清单，转变美国国家安全机构职能，用最全面的能力装备联合武装部队，以支持美国维护国家安全的战略目标。

第三节　美国非致命性武器发展理念与举措

非致命性武器在解决各种冲突过程中，尤其是在维和保障、反恐、解决地区冲突和应对不对称威胁等特殊环境中，有着其独特的吸引力，同时作为致命性武器的必要补充，它可使指挥官拥有更多的解决问题的手段。尽管美国在非致命性武器研发、产生、编配等方面存在经费、法律以及技术等因素制约，但其一些发展理念仍可供借鉴。

① https://jnlwp.defense.gov/Portals/50/Documents/Resources/Publications/Government_Reports/DoD%20Non-Lethal%20Weapons%20Program%20Planning%20Guidance%20March%202020.pdf?ver=2020-05-13-135329-303

一、主动激励与效能分析相结合，深化非致命性武器概念研究

截至2020年，JNLWD一直将其工作重点和主要资源集中在鼓励、开发新观念，以及加强国防部研究非致命性武器的影响和效能上。一是主动激励、开发新理念。通过大力宣传，推进创新思想，加速非致命性武器从一种专业工具向全面、综合的可供选择的作战手段转变；通过资助一些功能性概念评估及试验来鼓励各军种提出需求，如进行联合任务范围分析并增加在系统分析方面的投资，将重点集中于功能概念的研发上（如区域拒止、拥挤控制）。二是进行效能分析。通过进一步分析非致命性武器对人员、物资效果的影响，增加选择使用非致命性武器的信心。非致命性武器效能分析将决定非致命性武器研究项目的成败，它决定了这种武器能否被决策者接受以及日后能否被指挥官实际应用。效能分析的根本目的是要建立非致命性武器技术的基本知识库和模拟能力，非致命性武器联合理事会以效能分析作为决策依据，来批准特定非致命性武器系统研制计划。

二、建立专门机构——非致命性武器技术研究特长中心

JNLWD非常注重非致命性武器的效果研究，为此建立了专门机构——非致命性武器技术研究特长中心。该中心以非致命性武器对人员和物质效应为研究重点，保障已批准的非致命性武器系统的下一步研究。可以设有多个特长中心，每个中心专门负责一种特定的非致命性武器效果研究，并集中了必备的某一领域学科技术的研究基础。JNLWD为各中心分配任务并提供经费保障。非致命性武器技术研究特长中心的数量要经过全面评估和发展项目的数量来确定，如非致命性武器联合理事会估算要涵盖所有对人员的影响范围，需

建立 5～6 个特长中心（如钝器损伤、射线、化学影响等），还至少应有一个特长中心进行保障资源的效果研究。

三、有的放矢，重点攻关

面对经费不足、效能不佳以及技术难度大等问题，美国海军研究办公室（ONR）与 JNLWD 经过对非致命性武器技术的筛选与评估，有选择地确定关键研究领域，重点资助一些非致命性武器技术的特定研发活动，形成更有发展潜力的非致命技术资源组合。重点投资的领域有非致命化学制品、定向能、屏障和障碍、水下防护系统、平台、传感器及相应的指挥控制系统。值得关注的是，美国陆军生物化学司令部在主要负责研究生化武器的防御对策与防护手段同时，明确其工作中心之一就是研究化学类非致命性武器，包括反人员非致命性武器和反物质非致命性武器。

第四节　北约及俄罗斯的非致命性武器发展战略与管理

一、北约

北约国家对非致命性武器的兴趣始于 20 世纪 90 年代中期。1998 年，欧盟成立了欧洲非致命性武器工作组（European Working Group on Non Lethal Weapons，EWG-NLW），并向所有在非致命性武器领域工作的欧洲组织开放。EWG-NLW 支持开发、验证和使用旨在保护生命的技术、装置和战术，同时能够合法和适当地使用武力来应对威胁，无论是个人还是人群。此外，EWG-NLW 提倡欧洲合作伙伴之间充分合作，以分享信息、科学进步和建议的操作实践。EWG-NLW 任务主要侧重于交流信息和协调活动；促进非致命性武器技术的研究和开发，以满足未来的作战要求；鼓励欧洲国防工业在设计、开发和验证新的非致命性武器技术方面变得更加创新和更具竞争力；关于执法和国土安全的相关活动；在非致命性武器技术、开发和部署方面具有独立的业务专长。

1999 年，北大西洋理事会（North Atlantic Council，NAC）公布了北约在部署非致命性武器方面的政策（北约非致命性武器政策），该政策基于国防能力倡议（Defence Capabilities Initiative，DCI），认为非致命性武器是一种关键的额外能力，是满足未来行动的需要。后来，出于打击恐怖主义的需要，使北约军队面临最大限度地减少土地损失的问题，这些损失伴随着武力行动，并可导致暴力升级与给平民和军队带来危险，造成不必要的伤害，导致任务失败，产生政治反响。

2007 年，北约国家军备委员会（Conference of National Armaments Directors，CNAD）决定，将使用非致命能力（Non Lethal Capabilities，NLC），并纳入反恐防御工作计划（Defence Against Terrorism Programme of Work，DAT POW）。在比利时、加拿大和美国的领导下，DAT POW 赞助了在不同环境中使用非致命性武器的演示活动，即 NNTEX 演习，包括海上和陆地活动，这是 DAT POW 非致命能力倡议下多年活动的一个高潮。非致命性能力倡议为开发非致命性武器先锋项目提供了一个平台，并侧重于评估武器系统的有效性和操作者的安全，目的是使北约国家认识到非致命性武器的全部潜力，并为实现这一总体目标作出贡献。

北约非致命性武器联合能力小组（The Joint Non Lethal Weapons Capabilities Group，JNLWCG）是一个由大约 20 名专家组成的常设小组，目前向合作伙伴，如奥地利、芬兰、瑞典、瑞士、澳大利亚、韩国、日本和新加坡等开放。该小组是北约陆军军备组（NATO Army Armaments Group，NAAG）及军备材料组（Materiel Armament

Groups，MAG）所有与非致命性武器能力相关活动的协调中心。JNLWCG 负责整个军事行动和作战环境中的非致命性武器能力发展，主要是通过各国非致命性武器活动的信息交流实现非致命性武器的标准化，支持与非致命性武器有关的理论发展、保障行动，以及确定/促进合作活动来实现。

欧洲防务局非致命能力项目组，成立于 2007 年 10 月，是欧洲唯一的非致命性武器常设论坛，约有 15 个成员国的军事专家定期举行会议，在非致命性武器的各个领域（非致命的概念、装备、培训、科学研究、技术开发）中，通过采用基于能力的方法，解决与非致命能力和技术有关的共同利益问题。欧洲防务局非致命能力项目组的主要工作重点集中在非致命概念的发展和协调、非致命能力的发展、军事行动中部署的非致命性武器实战与应用，以及培训等方面。

与传统武器装备一样，北约国家非致命性武器的开发都是从相关技术研究开始的。为此，当前北约建立了一个独立于国家和非国家所有权的主体系统，并且正在有效地运作。北约国家非致命性武器基础研究开发的方式是：吸引北约成员国和科学与技术组织（Science & Technology Organization，STO）、研究与技术组织（Research & Technology Organization，RTO）的合作伙伴的科学潜力，在北约工业咨询小组（NATO Industrial Advisory Group，NIAG）的帮助下依靠其工业研究能力，纳入“智能防御”多国项目，以及防御恐怖主义的工作计划（DAT POW）。

二、其他国家

在俄罗斯联邦的立法行为中，非致命性武器被称为“非致命行动的特殊手段”[①]。2007 年，俄罗斯内政部开始积极将非致命性的

① https://nvo.ng.ru/armament/2013-11-15/1_not_lethal.html

武器和特殊手段引入该部门执法活动，避免使用枪支，并尽量使用非致命性武器以减少对民众的伤害[①]。

英国是除美国之外最早发端非致命性武器的国家。在2000年代初期，一些关键事件促使英国寻找替代致命武力的非致命替代品，当时的英国内政部部长呼吁在维持公共秩序时为警察提供更多的选择。2020年，英国启动的国防和安全加速器竞赛寻求非致命武器创新技术，使执法人员能够安全地防止严重或暴力情况下的冲突升级，主要考虑5m和50m之间距离的解决方案或系统，主要包括但不限于声学、化学刺激物、定向能、基于无人机、电气、动能技术解决方案[②]。

第五节　关于"中间打击能力"

一、美国

2018年《美国国防战略》描述了"日益复杂的全球安全环境"和"不断变化的战争性质"，未来的行动环境将是一个竞争连续体，如图2-3所示，其中包括武装冲突下的合作、竞争以及武装冲突。在这种背景下，"战略可预测，但行动不可预测"为传统打击能力和非传统打击能力的创新组合留下了空间。在竞争连续体的情况下作战时，相关政策可能规定军队不能使用全部致命打击能力。

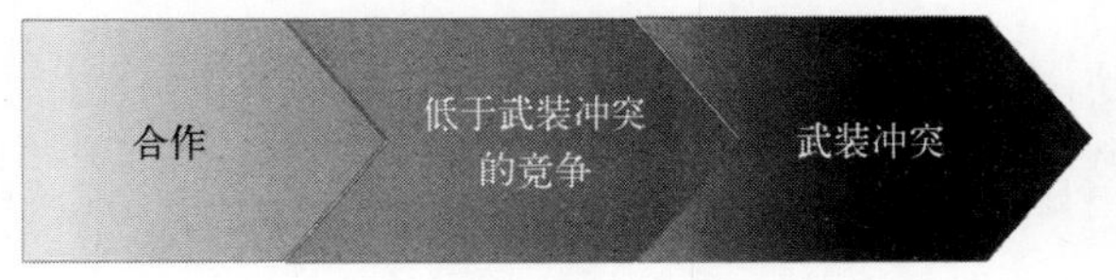

图2-3　竞争连续体

① https://ria.ru/20071025/85517579.html

② https://www.gov.uk/government/publications/competition-advancing-less-lethal-weapons/competition-document-advancing-less-lethal-weapons

美国国防部非致命性武器计划在2020年提出了“中间打击能力”（Intermediate Force Capabilities，IFC）这一术语，“中间打击能力”包括非致命武器和一系列造成非致命效果的其他能力和技术①。“中间打击能力”可以提供相称的、可衡量的力量，以实现政策目标的方式应对一系列威胁，同时参与综合作战。因此，“中间打击能力”可能使行动速度更快，并允许能够通过竞争来实现当时情况下的最佳战略目标②。“中间打击能力”是一种战略风险投资，为作战人员提供新的工具，以及在武装冲突水平以下的竞争中掌握主动权③。

新版美国国防战略强调未来作战环境是一个可渐变的连续体，因此发展适应这种渐变威胁的“中间打击能力”的观点应运而生，从根本上全新诠释、发展了非致命性武器的概念、作用及研究理念。

所谓的“联合中间打击能力”（JIFC），介于“存在”（Presence）和致命打击效果（lethal effects）之间，使美国及其盟国部队能够在复杂和模糊的威胁下提供准确的、可调整的、令人信服的效果，同时防止敌对行动意外升级、不必要的生命损失或关键基础设施的破坏。

美国军方通过一个联合工作流程与作战指挥官和执行人员合作，以确定对非致命性武器的需求，并协调其开发规划、方案编制，资助非致命性武器研究、开发和获取。在国防部非致命性武器开发计划中，“联合中间打击能力办公室”和服务部门为非致命性武器的研究开发、测试和评估提供资金。

---

① https://www.rand.org/pubs/research_reports/RRA654-1.html

② https://jnlwp.defense.gov/Portals/50/Documents/Resources/Publications/Government_Reports/DoD%20Non-Lethal%20Weapons%20Program%20Planning%20Guidance%20March%202020.pdf?ver=2020-05-13-135329-303

③ https://www.dsiac.org/wp-content/uploads/2021/01/DSIAC-Webinar-DE-Intermediate-Force-Capabilities.pdf

根据美国国防部指令 3000.03E，美国国防部非致命性武器执行机构职能以及非致命性武器政策，美国国防部将非致命性武器定义为："明确设计并主要用于使目标人员或物资立即丧失能力的武器、装置和弹药，同时尽量减少死亡、人员的永久性伤害以及对目标区域或环境中的财产造成不必要的损害。"因此，可以认为非致命性武器最初的设计目标是希望对人员和物质产生的影响可逆。

美国海军陆战队 2020 年执行机构规划指南中指出，目前和未来的非致命性武器、设备和弹药将提供"中间打击能力"，填补"单纯存在"和"致命影响"之间的空白。因此，非致命性武器被更准确和恰当地描述为"中间打击能力"[①]。在对方表现出可能的敌对意图，但实际上却是无辜的，而不是真正敌对的情况下，"中间打击能力"提供了可选择手段。如果在这种情况下使用"中间打击能力"，可能会有时间更好地评估意图。"中间打击能力"可以对表现出敌对意图的行为采取适当、相称的反应，但不能成为使用致命性武力的正当理由。与致命性武器相比，"中间打击能力"可能会减少过度使用武力的要求，并且在重大行动、政治或道德平等要求的战术情况下是一个更好的选择。

现在，"中间打击能力"不仅适用于执法、保安任务和人群控制。在军事作战时，"中间打击能力"也可以使用相应的武力来应对威胁，并可能将平民伤亡降至最低。在武装冲突中，"中间打击能力"可以扩大作战人员的选择范围。例如，城市环境中的高强度冲突可能会产生平民伤亡问题，而"中间打击能力"可以缓解这些问题。同样，针对物质或设施施加中和效应的能力可以减少对基础设施的意外破坏，有助于保护敏感场地，并降低重建成本。"中间打击能力"提供

① https://jnlwp.defense.gov/Portals/50/Documents/Resources/Publications/Government_Reports/DoD%20Non-Lethal%20Weapons%20Program%20Planning%20Guidance%20March%202020.pdf?ver=2020-05-13-135329-303

了一系列可扩展的效果，使指挥官更能区分并快速地打击平民中或敏感地点内的对手。中间力量的能力可以产生限制附带伤害的效果，降低平民的风险，并可能减少敌方鼓吹的机会。在许多情况下，向各种受众传达正确信息的能力可能与产生致命效果的能力同样重要。

在低水平武装冲突（通常称为灰色地带、混合战争或非正规战争）的竞争中，“中间打击能力”可以用来阻止武力升级，在不使用致命武力的情况下作出反应，或向对手发出震慑信号。“中间打击能力”可以加强大使馆的增援和安保，支持外国人道主义援助和救灾，保护非战斗人员的疏散行动，并适合于支持大规模杀伤性武器安保、海上拦截、维稳行动、被拘留者/难民控制和大流行病应对的行动。

美国国防部的非致命性武器计划领导、参与了多个北约倡议，支持北约及盟国在非致命性武器和保护平民方面的政策。美国军队已经帮助保加利亚、捷克、克罗地亚、蒙古、摩洛哥、菲律宾和罗马尼亚建立了“中间打击能力”，并在海地、印度、伊拉克、苏丹和委内瑞拉等国实施了灾难援助。

二、北约

2021 年，北约通过了其关于未来 10 年及以后路线规划的 2030 倡议，该倡议与北约目前的战略一致，使北约承诺“预防危机、管理冲突和稳定冲突后局势”，并“确保北约拥有全面的必要能力，以阻止和防御针对人民的安全和保障的任何威胁”。

北约称其面临着来自对手越来越多的威胁和挑战，这些敌对行动故意保持在会引发常规（即致命）响应，或者会给北约带来代价（即不希望的升级，潜在的附带损害、平民伤亡，或其他不利结果）的响应的水平之下。敌人了解北约的致命能力和使用门槛，并加以利用，避免直接的对称交战，在致命武力门槛之下进行行动。 这对未来作战环境的影响是非常明显的。不是用一条线把“存在”（和不使用武力）和“行动”（和使用致命武力）分开，留下对手可能利用的行动空间，而是在两者之间必须有一个连续的交战空间。

一个成功的军事战略是基于目的（目标）、方式（广泛的方法）和手段（资源）这三个要素的平衡应用。为了在新的作战环境中保持主动权，北约必须能够给在致命武力门槛下作战的对手造成威胁。北约正在制定“中间打击能力”战略，以弥补交战空间的漏洞。对于“中间打击能力”而言，其范围应该包括非致命性武器、网络、电子战、信息战，以及其他超越“存在”和缺乏致命武力的手段；其方式是应用低于致命门槛的作战效能；其战略目标是赢得战斗，包括在物理和信息空间的战斗，以及赢得信息空间。

“中间打击能力”战略的成功实施，将使北约能够在“竞争连续体”中积极探索、角逐和阻止威胁；通过获得和保持主动权，以及扩大交战机会来增加“演习空间”；对对手和代理人施加压力；尽量减少不希望出现的结果/影响，如敌对的信息行动、附带损害和平民伤亡；在物质和信息两个方面夺取/保持主动权。

第三章　物理类非致命性武器

第一节　物理类非致命性武器的概念与分类

一、物理类非致命性武器的概念

非致命性武器集成应用了众多学科门类的相关技术。凡是能限制、抑制人的行为、体能或武器装备、作战设施功能正常发挥的手段都可制造成非致命性武器，它的打击对象从个人到群体、从单件兵器到大的系统，甚至整个作战体系。因此，非致命性武器的种类非常多，按照不同的分类方式又可得到不同的种类。本书主要按照学科分类的形式，如化学类非致命性武器、物理类非致命性武器等，讨论非致命性武器的技术原理和发展使用。

所谓物理类非致命性武器，是指采用物理作用或基于物理学的力、声、光、电（磁）等原理而研发的一种非致命性武器。在非致命性武器成员中，物理类非致命性武器占有很大比例，其应用前景非常广阔。

二、物理类非致命性武器的分类

目前，国内外对物理类非致命性武器的具体分类尚无一个统一的认识，本书仅将国内外文献论述较多的项目做一归纳分类，从而研究得出物理类非致命性武器的定义。与其他学科类（如化学）非致命性武器相似，同样根据物理类非致命性武器作用的对象，也可以将物理类非致命性武器分为两大类：反人员物理类非致命性武器和反物质物理类非致命性武器，后者主要包括反装备物理类非致命性武器和反设施物理类非致命性武器。

更进一步，也可以采用物理学科分类的方法，如电、磁、声、光、热等，从技术角度对物理类非致命性武器进行分类，在学科分类之下再采取对作用对象的分类方式，即反人员类物理非致命性武器及反物质类物理非致命性武器，如图 3-1 所示。

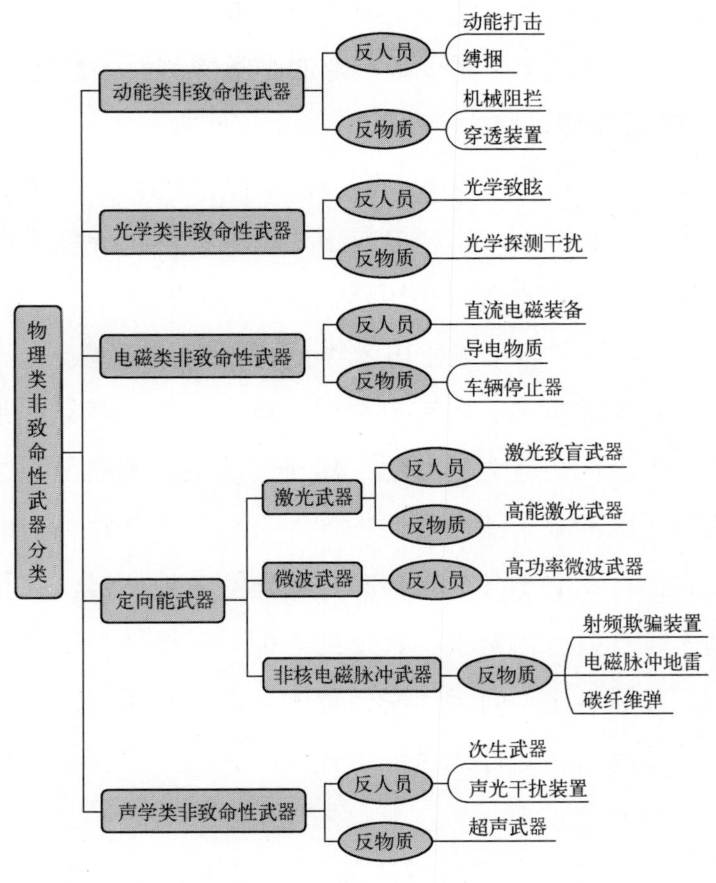

图 3-1 物理类非致命性武器分类

（一）动能力学原理

反人员：包括动能打击类和缚捆类。动能打击类：①抛射物，如软弹，包括橡胶塑料子弹，橡胶塑料环状物，小且软的子弹与豆袋弹等；②流体，如水炮弹泡沫、滑溜的泡沫和润滑剂等。缚捆类：利用黏附、缠住作用有生目标等，如渔网弹。

反物质：机械阻拦类：①填充物，如阻塞过滤器的物体、聚合物战剂、粒子、灰尘，纤维状的材料、填塞车胎花纹的物体；②穿透装置，如三角钉等。

（二）光学原理

反人员：光学眩晕武器，使用亮光使人眩晕。

反物质：干扰光学探测设备，降低光学探测设备性能。

（三）电磁原理

反人员：直流装置，如电击枪、眩晕枪（Tazer、流体、无线）。

反物质：导电物质，如导电粒子、导电纤维、导电带能使发电机、输电线路和电子设备发生短路；车辆停止器。

电击非致命性武器按输出电流类型可分为直流型、交流型和脉冲型三类。传统的电击武器有电警棍、电击器等，其打击距离短，让使用者的安全面临较大的威胁。新研发的电击武器是通过对有生目标释放高压脉冲来干扰人的肌肉神经系统，使其短暂失能的一种非致命性武器。相对于其他打击方式的非致命性武器，它具有作用明显且迅速、有效打击范围广、使用方便、后续伤害小等特点。击中目标后，目标迅速方向感迷失、身体失去平衡和控制，一般在 5s 之内失去反抗能力，这样既保证了任务的完成，也在很大程度上确保了使用者的安全。

新型的电击武器有美国国防高级研究计划局研制的粘身电击器，国际泰瑟公司研制了泰瑟系列电击枪，以及电击震晕弹、液态金属束流电晕枪等远距离电击武器，其特点是作用距离较远，安全性高。

（四）声学技术原理

反人员：次声武器、声光干扰装置。

反物质：超声武器。

目前已知的声学非致命性武器，如 Primex 物理国际公司在 20 世纪 90 年末研制的声爆器，北美技术公司从 2001 年 10 月起开始研制定向棒形辐射器等超声武器，美国陆军坦克车辆研究、发展与工程中心和空军研究实验室联合研制了次声波武器系统等。

（五）定向能技术（以作用效果命名，不是单一某种技术）

1. 激光非致命性武器

反人员：低能激光、化学激光，激光致盲武器，致眩人眼。

反物质：高能激光干扰器，作用于装备，可使光学探测装置不能工作或遭到破坏。

当前国外的低能激光武器种类繁多，美、俄、英、法等国均在低能激光武器方面取得了一定的进展，研制生产了多种型号产品。低能激光武器形式各异，有步枪型、手枪型、手电筒型等，可使犯罪分子眩目、迷茫或使电子光学失效的激光器不断涌现，这些激光器可装载在舰艇、战车甚至飞机上以达到对目标暂时致盲、眩晕、告警、阻止、驱离等。

2. 微波武器

反人员：微波欺骗装置、作用于人员的高功率微波武器。

目前非致命性微波武器，如美国非致命性武器联合理事会研制成功的“主动拒止系统”的非致命微波武器，并在伊拉克战场试用。

3. 非核电磁脉冲武器

反物质：射频欺骗装置、电磁脉冲地雷、碳纤维弹，以及能引起电子系统瘫痪的非核电磁脉冲。

随着科学技术的飞速发展，人们对物理学的非致命原理研究不断深入，特别是21世纪以来，各种物理学高新技术在非致命性武器中的应用，使物理类非致命性武器得到快速的发展，一些应用力学、声学、光学、电磁、定向能等学科技术研制的高新技术武器（如激光武器、电磁武器，超声、次声武器）进入了实际应用阶段。

第二节　国外物理类非致命性武器技术发展动态

融合了现代高新技术的新型非致命性武器早已超越了橡胶子弹、豆苞弹和胡椒喷雾等传统非致命性武器的范畴。这些新型非致命性武器，以物理类为主，具有更强大的对峙能力、更长的持续时间、更多功能性和选择性。例如，定向能（Directed Energy，DE）等新技术被集成到各种载人、无人和自主平台中，在全频谱、多领域操作中提供可定制的打击效果。

非致命性武器对于参与当前行动的部队来说，已经并将继续发挥更大的价值[①]。在致命武器不是最佳解决方案的情况下，这些非致命能力为作战指挥官提供了多种选择，降低了非战斗人员死亡和永久性伤害的风险。

一、已投入使用的物理类非致命性武器

目前有多种物理类非致命性武器已经部署并投入使用，包括：钝性冲击、标记和警告的非致命性弹药；声音警告装置；光学干扰器；肌电失能装置，以及车辆拦截设备等。

① https://jnlwp.defense.gov/About/History/

（一）反人员物理类非致命性武器

1. 12 口径弹药[①]

12 口径弹药会对人员产生钝性创伤效果，旨在阻止人员进入/逃出限制地区，移动并压制人员。该弹药可支持多种任务，包括部队保护、检查站、巡逻/护卫队、人群控制。目前，美国有多个部门使用这种子弹，如图 3–2 所示。12 口径弹药有不同类型，如弹丸、鳍状稳定弹和警告弹。发射这种警告弹后，在较远的距离上会产生“闪光弹”效果。

2. 40mm 弹药[②]

40mm 弹药如图 3–3 所示，会对人员产生钝性创伤效果，旨在阻止人员进入/逃出限制地区，移动并压制人员。该弹药可支持多种任务，包括部队保护、出入控制点、巡逻、人群控制。该弹药可利用 M203 手榴弹发射，有多种类型，如海绵弹、泡沫橡胶警棍弹和人群驱散弹。目前，美国有多个部门使用这种弹药。

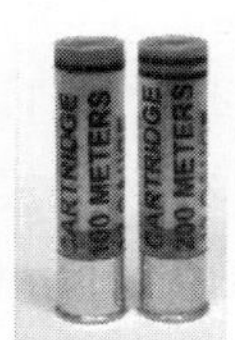

图 3–2　12 口径弹药

图 3–3　40mm 弹药

3. 66mm 轻型车用遮蔽烟幕系统和车载非致命性手榴弹[③]

66mm 轻型车用遮蔽烟幕系统和车载非致命性手榴弹，采用遥控发射方式，可发射 4 枚手榴弹式单发弹。这些手榴弹能够发射烟

① https://jnlwp.defense.gov/Current-Intermediate-Force-Capabilities/12-Gauge-Munitions-point-area-marking-warning/

② https://jnlwp.defense.gov/Current-Intermediate-Force-Capabilities/40mm-Munitions-point-area-marking-warning/

③ https://jnlwp.defense.gov/Current-Intermediate-Force-Capabilities/66mm-Light-Vehicle-Obscurant-Smoke-System-andVLNLG/

雾、闪光弹、防暴剂和可造成钝性创伤的弹药，如图 3-4 所示。该弹药旨在阻止人员进入/逃出限制地区，移动并压制人员，可能支持多种任务，包括部队保护、人群控制、进攻和防御行动。

4. 声音警告装置①

声音警告装置提供可扩展的、定向的警告声音或 500m 以外的可理解的语音命令，可以安装在车辆、船只和地面上，如图 3-5 所示。该装置旨在阻止人员进入/逃出限制地区，移动并压制人员，可支持多种任务，包括部队保护、检查站、巡逻和车队、人群控制。

图 3-4 66mm 轻型车用遮蔽烟幕系统和车载非致命性手榴弹

图 3-5 声音警告装置

5. 绿色激光阻断系统②

绿色激光阻断系统如图 3-6 所示，是一种安装在步枪上/手持的激光器，可以通过非致命效果阻击潜在的敌对行动，并且在主机武器平台之间互换，0～300m 可见的效果通知正在接近军事行动的人员。这种眼部致眩武器是手持式的，但可以安装在步枪或船员使用的武器上。该系统旨在阻止人员进入/逃出限制地区，移动并压制人员，可支持多种任务，包括部队保护、检查站、海上港口/安全区、入境控制点以及组织、移动和压制步行/操作船只的人员。

① https://jnlwp.defense.gov/Current-Intermediate-Force-Capabilities/Acoustic-Hailing-Devices/

② https://jnlwp.defense.gov/Current-Intermediate-Force-Capabilities/Green-Laser-Interdiction-System/

6. M-84 闪光弹[①]

M-84 闪光弹是一种手工投掷的闪光弹，对单个或多个目标发出明亮的闪光（光学效果）和巨大的爆炸声（声学效果），如图 3-7 所示。该闪光弹旨在阻止人员进入/逃出限制地区，移动并压制人员，可支持多种任务，包括部队保护、检查站、协助清理空间、人群控制、入口控制点。目前，美国有多个部门使用这种弹药。

图 3-6　绿色激光阻断系统

图 3-7　M-84 闪光手榴弹

7. NICO BTV-1 闪光弹[②]

NICO BTV-1 闪光弹是根据紧急需求声明，临时用来替代手动抛出的 MK-141 闪光弹，改进之处在于防止手榴弹过早引爆而对人员造成严重伤害，爆炸产生 3～5s 的闪光盲区，降低压力以减少爆炸伤害风险，并具有金属机身、顶部及底部通风的手部安全保护作用，如图 3-8 所示。NICO BTV-1 闪光弹旨在阻止人员进入/逃出限制地区，移动并压制人员，可支持多种任务，包括部队保护、协助清理空间、检查站、人群控制、入口控制点。目前，美国有多个部门装备并采用这种装置。

8. 模块化人群控制弹药[③]

模块化人群控制弹药的尺寸与克莱莫杀伤地雷相同，如图 3-9

① https://jnlwp.defense.gov/Current-Intermediate-Force-Capabilities/M-84-Flash-Bang-Grenade/
② https://jnlwp.defense.gov/Current-Intermediate-Force-Capabilities/NICO-BTV-1-Flash-Bang-Grenade/
③ https://jnlwp.defense.gov/Current-Intermediate-Force-Capabilities/Modular-Crowd-Control-Munition/

所示，能够产生钝性创伤。爆炸性弹药以高速将 600 个橡胶球送出，以压制目标。该弹药旨在阻止人员进入/逃出限制地区，并压制人员，可支持多种任务，包括入口控制点、防御性行动、人群控制。

图 3-8　NICO BTV-1 闪光手榴弹

图 3-9　模块化人群控制弹药

9. 非致命能力套件/力量升级任务模块①

非致命能力套件是由商业和政府现成的任务增强设备及弹药组成的多功能套件，如图 3-10 所示。非致命能力套件为作战人员提供了各种声学、光学干扰、钝器创伤、刺激性和车辆阻挡等非致命性选择，其用途包括出入控制点、检查站、车队保护、登船、人群控制和其他各种任务。美国陆军已编配了这些装备。

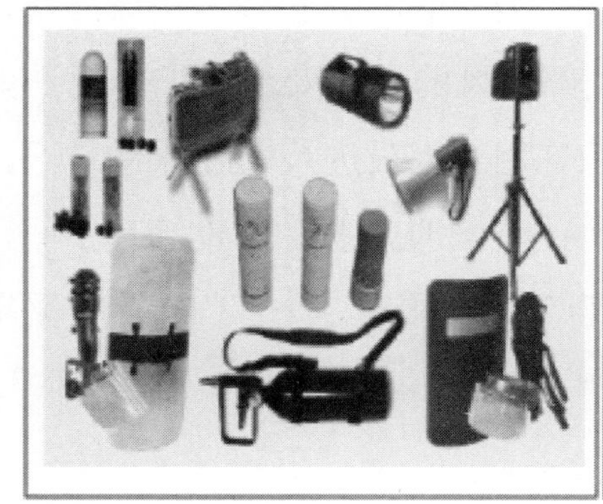

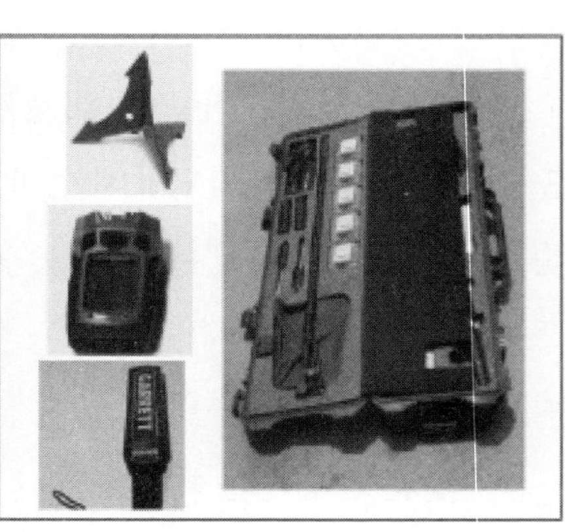

图 3-10　非致命能力套件/部队升级任务模块

① https://jnlwp.defense.gov/Current-Intermediate-Force-Capabilities/Non-Lethal-Capability-Sets-EoF-Mission-Modules/

力量升级任务模块为指挥官应对不同程度的非致命性武力攻击提供了更好能力。其方式为模块化组合形成不同能力，可根据任务需要进行调整和扩展，以满足排/班级的任务需求。力量升级任务模块扩展了美国海军陆战队以前使用的非致命能力套件中的非致命概念。模块设备组包括车辆控制点、入口控制点、车队安全、人群控制、人员扣留、进行搜索、清理设施、进行封锁、城市巡逻，以及建立和保护周边环境等多种功能。目前，美国海军陆战队已编配了这些装备。

10. 刺球手榴弹[①]

刺球手榴弹是用手投掷的，也可以从 12 口径的发射杯中发射，以扩大射程。弹体由引信、分离式引信体、黑火药分离装药、压制的黑火药延迟、闪光火药的爆炸装药和橡胶颗粒组成，如图 3-11 所示。当它爆炸时，橡胶弹丸以钝性力量击中目标。刺球手榴弹旨在阻止人员进入/逃出限制地区，并压制人员，可支持多种任务，包括部队保护、清理空间、人群控制。

图 3-11　刺球手榴弹

11. X26 泰瑟枪[②]

1993 年，美国泰瑟公司成立，开启了电击枪的快速发展进程，

① https://jnlwp.defense.gov/Current-Intermediate-Force-Capabilities/Stingball-Grenade/

② http://jnlwp.defense.gov/Current-Intermediate-Force-Capabilities/X26-Taser/

先后衍生出泰瑟 M26、X26、C2、X2、X3、X3HD 等系列产品。其中，以泰瑟 X26 和泰瑟 X3 最为典型。

泰瑟枪是一种能够发射带电镖箭使人暂时不能动弹的武器，如图 3-12 所示。泰瑟枪的基本技术原理是：一种类似普通射击武器的手枪，发射出两束带电导线的细镖箭，接触到目标时，镖箭会释放高达 5 万伏的电流，一次释放或几次单独释放，这种电流能穿透 5cm 厚的衣服，直接作用于人体，会在瞬间使目标全身痉挛，甚至失去知觉，完全丧失行为能力。目前，美国警察部队普遍装备使用这种泰瑟枪，如图 3-13 所示。

图 3-12　泰瑟枪的结构示意图

图 3-13　X26 泰瑟枪

X26 泰瑟枪是在早期电击枪基础上推出的单发电击枪，如图 3-14～图 3-16 所示，在人机工效、外观等方面进行了重新的构思和设计。这项技术有可能支持多种任务，包括部队保护、人群控制。X26 泰瑟枪是一种肌电失能装置，使用氮气弹推进系统，发射两个拴在带电弹上的探针。X26 泰瑟枪有效射程为 0～35 英尺，取决于弹匣类型，质量约 175g，最大射程 7m，可穿透 2 英寸（5cm）的衣服。系统由枪身、显控装置、电击弹、电源四大部分构成，采用了“成形脉冲原理”，在降低输出功率的同时增强了系统的作用效果。

图 3-14　泰瑟枪的应用示意图

图 3-15　泰瑟公司推出新型非致命式电击枪

图 3-16　MPM－NLWS 非致命性武器系统

12. FN-303 非致命性发射系统[①]

FN-303 是由比利时 Fabrique Nationale 公司设计和生产的一种由压缩气体提供动力的半自动霰弹枪，如图 3-17 所示。这种半自动非致命弹药发射器是一种最为典型的非致命动能武器，采用自带气罐提供的压缩空气发射，充气一次可以发射 110 次，精确射程 50m，最大有效射程 100m，初速可调，在 100m 距离上的命中率能达到甚至超过 70%，全长 740mm，上弹后总重 2.7kg；可以发射多种非致命弹药，如动能弹、指示弹和催泪弹等。发射的非致命弹药在受到冲击后会立即破碎，以消除因为子弹的贯穿力而受到重要伤害的风险。配用弹的壳体由聚苯乙烯压缩而成，弹径约 17.3mm，质量不足 8.5g，初速大约 90m/s，弹在碰撞到目标时爆裂，以免过度地侵入人体。该枪噪声小，精度高，射程达 50m。FN-303 旨在阻止人员进入/逃出限制地区，并压制人员，可支持多种任务，包括部队保护、被拘留者行动、人群控制、防御性和进攻性行动。

① https://jnlwp.defense.gov/Current-Intermediate-Force-Capabilities/FN-303-Less-Lethal-Launching-System/

图 3-17　FN-303 非致命性发射系统

13. 可变动能系统非致命性发射器[①]

可变动能系统（VKS）是一种以压缩空气为动力的发射器，旨在发射非致命性弹丸，如图 3-18 所示。其独特的能力是允许使用者将发射器的速度从 285 发/s 调整到 425 发/s，产生 12～28J 的动能。该系统的 VXR 型射弹包括训练/钝性冲击弹、标记弹、玻璃破碎弹、油性辣椒素/PAVA 粉和 CS 粉弹，可提供的附件包括 10 个和 15 个发弹夹，100 发鼓形弹夹，以及可全面清洁和维护的维护套件。VKS 的设计旨在阻止人员进入/逃出限制地区，并压制人员，可支持多种任务，包括部队保护、被拘留者行动、人群控制、防御和进攻行动、可打破汽车和建筑玻璃以实现战术性攻入。

图 3-18　可变动能系统非致命性发射器

① https://jnlwp.defense.gov/Current-Intermediate-Force-Capabilities/Variable-Kinetic-System/

（二）反物质物理类非致命性武器

1. 菱角钉[①]

菱角钉是用来阻止和禁用车辆的，如图 3-19 所示。这项技术有可能支持多种任务，包括部队保护、车辆检查站行动。菱角钉是四棱形的重型钢制穿刺钉，可以被投掷或连接在一起，导致充气轮胎立即发生不可修复的灾难性故障。这些装置在出入控制点和检查站大大阻碍了轮式车辆的前进。美国多个部门使用这些装置。

2. M2 轻型车辆拦截装置网[②]

M2 轻型车辆拦截装置的设计是为了阻止车辆，如图 3-20 所示。这项技术有可能支持多种任务，包括部队保护、车辆检查站行动。M2 轻型车辆拦截装置是一种便携式的、可扩展的、一次性的、可快速部署的网，配备有独特的带刺尖头系统，可以刺穿并锁定小型车辆的前轮。这种网可以在出入控制点和检查站以受控的方式在 200 英尺（60.1m）范围内阻止一辆以 30 英里/h（48.3km/h）速度行驶的重 5500 磅（2494.8kg）轮式车辆。

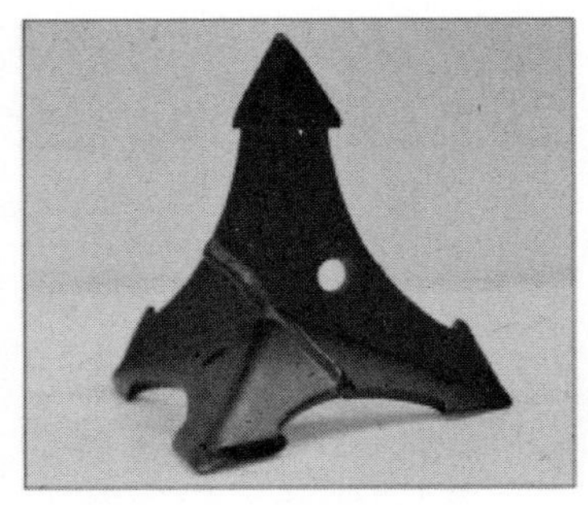

图 3-19　菱角钉

图 3-20　M2 轻型车辆拦截装置

① https://jnlwp.defense.gov/Current-Intermediate-Force-Capabilities/Caltrops/

② https://jnlwp.defense.gov/Current-Intermediate-Force-Capabilities/M2-Vehicle-Lightweight-Arresting-Device-Net/

3. 便携式车辆拦截障碍物[①]

便携式车辆拦截障碍物是用来阻拦车辆的，如图 3-21 所示。这项技术可以支持多种任务，包括部队保护、检查站。便携式车辆阻拦障碍物是一种可运输的、预先放置的、可重复使用的车辆阻拦网，能够以可控的方式阻拦高达重 7500 磅（3401.9kg）的轮式车辆。当放置在待机模式时，车辆交通不受阻碍。该装置能够在 2s 内从待机模式转变为拦截模式。

4. 航行装置纠缠系统[②]

航行装置纠缠系统被设计用来阻止船只。这项技术可支持多种任务，如图 3-22 所示，包括港口保护、拦截船只。航行装置纠缠系统是一个压缩空气发射网，由带有重量环的光谱绳制成。加重环通过缠住螺旋桨来帮助停止船舶的螺旋桨。该装置可以从船舶或码头侧面发射或支墩发射。

图 3-21 便携式车辆拦截障碍物

图 3-22 航行装置纠缠系统

5. 钉子条带[③]

钉子条带是用来阻止和破坏车辆的，如图 3-23 所示。这项技术

① https://jnlwp.defense.gov/Current-Intermediate-Force-Capabilities/Portable-Vehicle-Arresting-Barrier/
② https://jnlwp.defense.gov/Current-Intermediate-Force-Capabilities/Running-Gear-Entanglement-System/
③ https://jnlwp.defense.gov/Current-Intermediate-Force-Capabilities/Spike-Strip/

可支持多种任务，包括部队保护、车辆检查站行动。它们是一种手工放置的、预制的、带有嵌入式空心钢钉的材料条，用于阻碍车辆前进。钉子条能在 10s 内使轮胎迅速放气，从而在出入控制点和检查站实现可控减速。美国多个执法部门采用了这种装置。

图 3-23　钉子条带

二、发展中的物理类非致命性武器

发展中的非致命性武器是指在生产批准前需要进行技术验证或其他改进的非致命性武器（属于尚在开发中的非致命武器）。美国尚在开发中的物理类非致命性武器，包括有正式的“户口”的项目和一些现成成熟的技术。这些项目通常已具有预研技术 5 级或更高的技术水平。

（一）反人员物理类非致命性武器

1．81mm 闪光弹[①]

81mm 闪光弹是一种集成的闪光弹，属于用于反人员的非致命 81mm 迫击炮弹，可在射程内压制人员，并最大限度地减少附带损害。该弹药会产生暂时的视觉和听觉损伤，如图 3-24 所示。

① https://jnlwp.defense.gov/Developmental-Intermdiate-Force-Capabilities/81mm-Flash-Bang-Munition/

图 3-24　81mm 闪光弹

美国非致命性武器联合计划协调了多家单位参与了 81mm 闪光弹的设计、制造与演示。美国海军陆战队作战开发指挥部/作战开发与集成部（Combat Development and Integration，CD&I）负责进行统筹需求与资源赞助商；美国陆军装备研究、开发和工程中心（Armament Research，Development and Engineering Center，ARDEC）负责迫击炮弹的设计与集成；美国海军水面作战中心 Indian Head 爆炸性弹药处理技术部（Naval Surface Warfare Center，Indian Head Explosive Ordnance Disposal Technology Division，NSWC-IHEODTD）负责引信和有效载荷的开发和测试；美国空军研究实验室（Air Force Research Laboratory，AFRL）第 711 人体效能空军联队（Human Performance Wing，HPW）的生物效应部（Bioeffects Division，RHD）（711th HPW/RHD）负责进行人类影响和特性分析。在炮弹设计方面，采用 81mm 弹体，与现有的 W/迫击炮和推进系统兼容；另外，采用尾翼、引信和弹体固定双降落伞设计，以减少碎片坠落的危险。在闪光弹有效载荷设计方面，采用新颖的烟火剂成分，并利用加固的纸板以消除碎片危险，另外利用拖曳保持稳定，每个弹夹具备 14 个有效载荷。2014 年 12 月在阿伯丁试验场成功进行了技术演示验证[①]。

2. 声光定向能技术[②]

声光定向能非致命性武器整合了各种独立技术，如炫目的激光器、高强度灯、声学、操作界面系统，形成符合人体工程学和有效的系统要素，以极低的风险对个人进行示意、警告、移动、干扰和压制，使指挥员能够使用非致命性武器来控制或缓和局势，以发出警报、警告、致眩等，如图 3-25 所示。该技术领域未来的工作主要侧重于行动评估、系统的高度集成、激光和声学强化，以及无人驾驶/自主操作等方面。

图 3-25　声光定向能技术

3. 改进型闪光手榴弹[③]

MK 20 MOD 0 改进型闪光手榴弹（简称 MK 20），如图 3-26 所示，是一种更为安全有效的闪光手榴弹，通过引发和喷射金属粉末

① https://jnlwp.defense.gov/Portals/50/Documents/Developing_Non-Lethal_Weapons/IDFM%20Trifold_24Aug2015.pdf

② https://jnlwp.defense.gov/Press-Room/Fact-Sheets/Article-View-Fact-sheets/Article/1574157/directed-energy-sound-and-light-technology/

③ https://jnlwp.defense.gov/Developmental-Intermdiate-Force-Capabilities/Improved-Flash-Bang-Grenade/

有效载荷与空气中的氧气发生反应产生明亮、持续时间更长的闪光和爆炸，与现有的闪光弹相比，光强更高且闪光时间加长（具有更大的光输出，增加了闪光致盲的持续时间，削弱了声压级，并且对环境无害。）在暂时控制目标时，可提高目标区域内使用者和人员的安全性[①]。

改进型闪光手榴弹旨在阻止人员进入/逃出限制地区，并压制人员，可支持多种任务，包括部队保护、检查站、协助清理空间、人群控制、入口控制点等。

图 3-26　MK20 改进型闪光手榴弹

4. XM1116 12 口径非致命增程标记弹药[②]

12 口径非致命增程标记弹药旨在进入/逃出限制地区，控制并压制人员，可支持多种任务，包括部队保护、检查站、巡逻/护卫队、人群控制。发射弹药的安全和有效距离，在针对个人时，有效射程最小为 10m，最大为 75m。该弹药的射程比目前使用的非致命性 12

① https://jnlwp.defense.gov/Press-Room/Fact-Sheets/Article-View-Fact-sheets/Article/577993/mk-20-mod-0-improved-flash-bang-grenade/

② https://jnlwp.defense.gov/Developmental-Intermdiate-Force-Capabilities/XM1116-12-Gauge-NL-Extended-Range-Marking-Munition/

口径霰弹枪弹药的射程更远，此外，12 口径非致命性增程标记弹药还提供了一种标记能力，以便作战人员能够识别或捕获目标，如图 3-27 所示。

图 3-27　12 口径非致命增程标记弹药

（二）反物质物理类非致命性武器

1. 预先安装式电子车辆拦截器[①]

预先安装式电子车辆拦截器旨在阻止和禁用车辆。这项技术能够支持多种任务，包括部队保护、车辆检查站行动等。该技术可以减缓或阻止车辆动力，或与障碍物或纠缠系统一起使用，以阻止车辆。该系统是一个预置的、非侵入性的装置，通过部署的触点提供一个电脉冲以启动或关闭动力系统的电路或部件。

2020 年 7 月，美国空军安全部队中心选择内利斯空军基地作为三个基地之一，测试一种称为“预置电动汽车拦截器”（Pre-emplaced Electric Vehicle Stopper，PEVS）的新安全系统[②]，如图 3-28 所示。

① https://jnlwp.defense.gov/Developmental-Intermdiate-Force-Capabilities/Pre-Emplaced-Electric-Vehicle-Stopper/

② https://jnlwp.defense.gov/Press-Room/In-The-News/Article/2290986/new-defense-system-at-nellis-increases-security-capabilities/

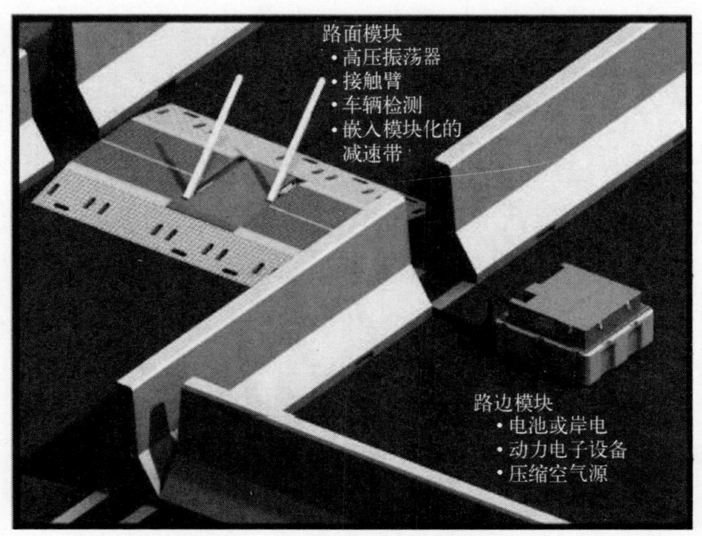

图 3-28　预先安装式电子车辆拦截器

PEVS 系统旨在提高安全能力，减少军事设施入口控制点的风险。当启动时，PEVS 可以减缓或阻止车辆移动，以安全地防止车辆突破军事大门，并使基地的保卫人员有时间确定车辆驾驶员的意图。当 PEVS 系统被激活时，两个远程控制的手臂弹出，与车辆的底部接触，并发送一个电子脉冲，使车辆的电气系统失效，从而使车辆完全停止。利用 PEVS 对 100 多辆车进行了测试，成功率达到 90%。据报道，之前的车辆拦截器弹出式支柱有很多问题，经常可以造成致命的影响，而 PEVS 系统与目前的车辆拦截器一样有效，但杀伤力更小，需要更少的维护，并且比内利斯空军基地目前的系统成本更低。

2. 车辆轻型拦截装置单网解决方案[①]

带有远程部署装置的车辆轻型拦截装置单网解决方案旨在阻止车辆，如图 3-29 所示。这项技术有可能支持多种任务，包括部队保

① https://jnlwp.defense.gov/Developmental-Intermdiate-Force-Capabilities/VLAD-Single-Net-Solution-with-RDD/

护、车辆检查站行动。单网解决方案是一种预先布置好的、可由人携带的、快速部署的网，配备有独特的带刺尖头系统。它的设计是为了捕捉比目前已投入使用的 M2 车辆轻型逮捕装置网所捕捉的更大的车辆。它能够缠住前轮胎以阻止更重更快的车辆。远程部署装置是一个机电系统，能够将 M2 轻型车辆拦截装置或单网解决方案拉过道路。车辆轻型拦截装置单网解决方案是一个自带的装置，只需使用一次，但远程部署装置可重复使用。

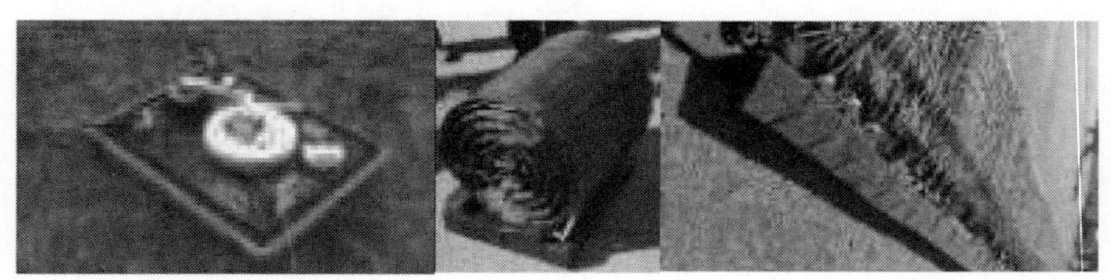

图 3-29 带有远程部署装置的车辆轻型拦截装置单网解决方案

3. 船只拦截阻塞技术[①]

船只拦截纠缠：阻止小船的非致命能力，如螺旋桨纠缠系统，有多种任务应用，包括港湾安全、部队保护、船只追捕/拦截。该装置是一种改进的螺旋桨缠绕器，对小型螺旋桨驱动的船只有更稳定的拦截率。目前，该装置是由一个压缩空气枪发射的，如图 3-30 所示。

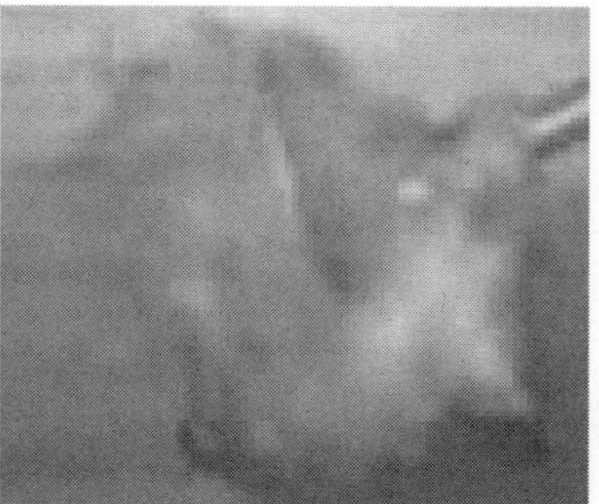

图 3-30 船只拦截技术

① https://jnlwp.defense.gov/Developmental-Intermdiate-Force-Capabilities/

2019 年 11 月，美国海军水面作战中心巴拿马城分部（NSWC PCD）开发了一种被称为“海上船只拦截阻塞技术”（Maritime Vessel Stopping Occlusion Technologies，MVSOT）的很有前途的非致命工具[①]，可供作战人员大幅减缓或拦截即将到来的目标船只。MVSOT 团队特别关注以可逆转的方式限制或消除为船只提供推力的能力的技术。美国海军水面作战中心巴拿马城分部最近与密歇根大学、犹他州立大学和查普曼大学合作开发下一代阻塞材料，包括合成的八目鳗黏液和蜘蛛丝蛋白，以获得更多的一体化解决方案。这些下一代材料具有目前商业产品所不具备的先进的膨胀、黏合和强度特性，并且取自于天然材料，将更符合环境要求。随着这些下一代解决方案的发展，MVSOT 团队希望将不同的材料整合到一个整体解决方案中，并在按比例的测试罐中进行测试，以及最后在水中进行海上测试。

2021 年 2 月，美国海军水面作战中心卡德鲁克分部（NSWCCD）推出了一项用于停止喷水推进器的非致命装置，并获得了美国专利[②]。该装置的设计目标是，对船只操作者不致命，尽量减少对船只不可逆转的损害，并且可以在不把船只抬出水面的情况下移动。该装置必须随着时间的推移在水中降解，并能在安全距离内快速部署。其他工程目标包括：有足够的重量可以发射，有足够的稳定性可以直飞，有足够的中性浮力，有足够的长度可以到达水射流入口，有足够的柔软度不会突然停止叶轮或损坏叶片，有足够的灵活性和延展性可以穿过水栅开口，有足够的黏性可以留在叶轮叶片上，阻止水流或遮挡产生的推力。

发明者面临的最大挑战是想出如何将拦截装置从船上或艇上移

① https://jnlwp.defense.gov/Press-Room/In-The-News/Article/2051427/promising-new-tool-protects-ships-sailors/

② https://jnlwp.defense.gov/Press-Room/In-The-News/Article/2765740/nswc-carderock-inventors-patent-device-for-non-lethal-stoppage-of-water-jet-pro/

到叶轮上。该解决方案基本上是一个标准的、现成的、射出装置的“T 恤大炮”。该装置有一个加重的头部和浮在表面的触角，理想情况下会卡住车辆的轴，使其失去推进力。

三、探索中的非致命性武器技术

探索中的非致命性武器技术指的是正处于概念阶段的一些原理性技术。目前这些能力尚不存在，但也正在研究，可以支持下一代非致命性武器。这些技术通常处于预研 4 级或更低的技术准备水平。

（一）无线频率车辆拦截器[①]

无线频率车辆拦截器是为拦截车辆而设计的。这项技术有可能支持多种任务，包括部队保护、检查站、出入控制点、路障、拦截车辆的固定巡逻队。

便携式无线频率车辆拦截器系统可以通过使用高功率微波（High Power Microwaves，HPM）来破坏车辆引擎，从而维持一个安全、非致命的拦截区，如图 3-31 所示。该系统扰乱车辆的电气元件，导致发动机熄火。该系统目前计划是独立的、可自行运输的。

图 3-31　无线频率车辆拦截器

① https://jnlwp.defense.gov/Future-Intermediate-Force-Capabilities/Radio-Frequency-Vehicle-Stopper/

（二）无线频率船舶拦截器[①]

无线频率船舶拦截器是用来拦截或禁用船舶的。这项技术可支持多种任务，包括部队保护、港口作业、船只追击/阻止/拦截。无线频率拦截器目前的计划是开发固定或移动的高功率微波有效载荷，为小型船只的拦截、蜂群防御和船舶系统的破坏提供远距离非致命能力，如图 3-32 所示。该技术将通过电力系统故障停止船只的推进。

图 3-32　高功率微波船只制动器

四、国外物理类非致命性武器发展概况

（一）美国

1. 装备技术发展概况

自 1996 年以来，美国国防部已经部署了 50 多种非致命性武器、装置和弹药，这些非致命性武器在波斯尼亚、科索沃、阿富汗和伊拉克等都有使用。

在最近的 10～15 年间，非致命性武器领域发展活跃，且产生了革命性的改变。首先，市场份额明显增加。非致命性武器市场现呈现明显增长趋势。据美国国土安全机构报告，2014—2020 年全球非

① http://jnlwp.defense.gov/Future-Intermediate-Force-Capabilities/Radio-Frequency-Vessel-Stopper/

致命性武器市场交易额年均增长率为 11%，市场规模从 2013 年的 5 亿美元增至 2020 年的 9.3 亿美元。报告还预测，全球非致命性武器市场到 2020 年有望翻一番。其次，发展项目明显增加。据 2021 年的美国国防部《战略规划指南》（机密版）中显示，仅 2008—2013 年至少投入 1000 亿美元用于研制非致命性武器。根据 2013 年发布的项目审查报告，美国国防部每年用于非致命性武器的研发、采购和维修费用约为 1.4 亿美元。同时，美军在 2016 年开始减少了在阿富汗的军事行动，反而持续增加对非致命性武器的需求。例如，美国国防部 2020 年发布了“武力升级通用遥控武器站、强光干扰器、船舶失能辐射器、预先安装的电动车辆限位器、固态主动拒止技术”等多项研究需求。非致命性榴弹武器将向着重量更轻、携带更方便、射程更远且具有收发信息能力方向发展。

2019 年美国发布的国防部非致命性武器计划纲要，提出现有非致命能力和近期的发展目标，现有非致命能力可以依靠非致命弹药、声学设备、光学干扰器和车辆停止设备，打击单个或多个目标，主要列装的物理类非致命性武器包括 12 口径弹药、40mm 弹药、66mm 轻型车辆遮挡烟雾系统和车载非致命手榴弹、声学拒止装置、绿色激光拦截系统、M-84 闪光手榴弹、模块化人群控制弹药、NICO BTV-1 闪光爆炸手榴弹、非致命能力集/强制升级任务模块、视觉干扰发生器、泰瑟® X26™、FN-303 小型致命发射系统、可变动力学系统等。

目前，美国发展中的非致命性武器包括：正式的计划和迅速成熟的技术，技术准备水平通常为 5 级或更高的项目，具体有反人员的超射程视觉干扰 81mm 间接瞄准非致命弹药（USMC）、声光系统、改进的闪光手榴弹、XM1116 型 12 口径非致命增程标记/动能弹药，反装备的预装式汽车止动器、远程部署单网控制设备、血管阻塞技术等非致命性武器。

而具有代表性且广泛用于实战物理类非致命性武器的有：

（1）MK 20 MOD 0 改进型闪光手榴弹。2007 年，美国特种部队司令部作为牵头部门，联合美国空军、美国海军陆战队、美国国土安全部、美国海岸警卫队进行了特种作战闪光弹开发的研发计划。该计划已经完成，目前的原理样机代表了特种作战闪光弹开发的第三阶段，该手榴弹正处于生产和实战阶段。2019 年 10 月，海军部及海军陆战队在披露的计划中明确对模块化手榴弹的需求，包括几型闪光爆震弹等非致命弹药，在部队可能会遇到的低强度冲突、平民和敌方战斗人员混合的场景中，利用其使人眩晕、失能或混乱的能力以适应更为复杂的战场环境。2020 年，海军水面作战中心发布了两种闪光手榴弹市场需求的公告，一份为期 5 年的合同招标书计划，以最多 1600 万美元的价格生产数千枚 9 响爆炸闪光弹。

（2）81mm 非致命间接瞄准弹药。设计用于压制个体目标，为反人员非致命闪光集成迫击弹，附带阻止个体进入或离开特定地区，通过释放十个闪光爆震子弹药，产生强光致盲、听力衰减、超压以压制人员，这项技术具有支持多重任务的潜在能力，能够在 2km 射程范围内压制某一区域的对峙，包括禁止来自平民地区的敌人开火、将非战斗人员从一个地区转移、控制区域的人员通行。

（3）“超长钉”HS-18 声响装置。2012 年 7 月，美国海军陆战队在阿富汗利用 HS-18，如图 3-33 所示，实施了一次非致命性封锁。

（4）远距离定向声音驱散装置（LRAD 系列）。直径约为 80cm 的圆形装置，质量约为 20kg，发出声强可达到 150dB，声音频率 2100～3100Hz，声波能朝指定方向传播，作用半径达到 275～1650m，如图 3-34 所示。该武器可以装在装甲车顶、船艇甲板，用于驱散骚乱人群及海盗，引起敌方士兵混乱。另外，声响设备还可与翻译装置结合使用，可以向目标传递其能听懂的警告。目前美国军方采用 PHRASELATOR P2 和 Squ.ld 两种翻译装置，可以准确地将英文翻译成其他语言。

图 3-33 “超长钉”HS-18 声响装置

图 3-34 LRAD-1000X 远距离声波控制器

（5）低能激光武器。美国非致命性武器联合理事会采用脉冲氟化氘激光器研制的脉冲能量弹，利用激光等离子效应，可产生眩目闪光、震耳声波和强烈冲击波，能使目标人群暂时眩晕和丧失行为能力。此外，还有“军刀”203 激光眩目器和“眼镜蛇”便携式激光枪等，可使人暂时性失明，如图 3-35 所示。

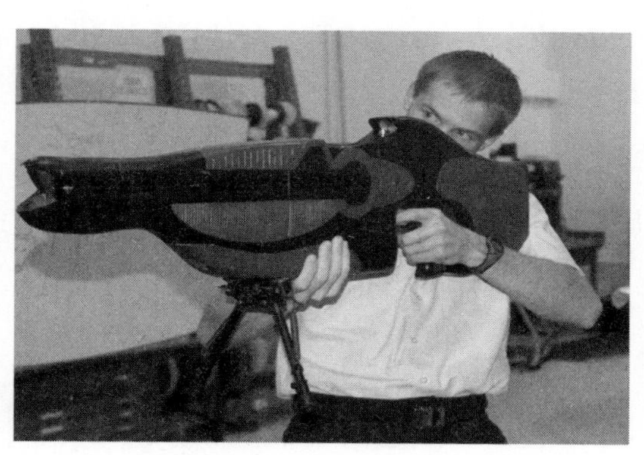

图 3-35 激光拒止枪（PHaSR）

美军现装备了一种 B.E.Meyers 公司制造的 LA-9/P 的激光眩目器。美国海军陆战队及原驻伊美军已装备，该武器可以搭载在美军步枪上，其范围可达到惊人的 4km，该型武器被美军在伊拉克战争期间大量使用。美国空军的“皇冠王子”机载激光致盲武器，用于致盲岸基光学监视系统。

美国全球安全网 2010 年 6 月 2 日曾报道，美国正在将数套绿色激光武器增强（Green Laser Escalation of Force，GLEF）套件部署到阿富汗以对其进行作战性能评估，如图 3-36 所示。GLEF 系统作为附件安装在遥控武器站的炮塔上，并被安装在“悍马”车上使用。GLEF 系统可以起到远距离威慑人群，强制人体闭眼的作用，从而达到驱散人群的目的。

图 3-36　GLEF 激光组件的 CROWS-II 遥控武器站

（6）新型电击武器。美国在积极发展和应用新型电击武器，有电击枪、电击震晕弹、液态金属束流电晕枪等远距离电击武器。新型电击武器的作用范围远远大于其他类型的非致命性武器，如图 3-37 所示。代表性装备有美国泰瑟公司的泰瑟枪 X-26、X-3 等，其特点是作用距离较远，安全性高。

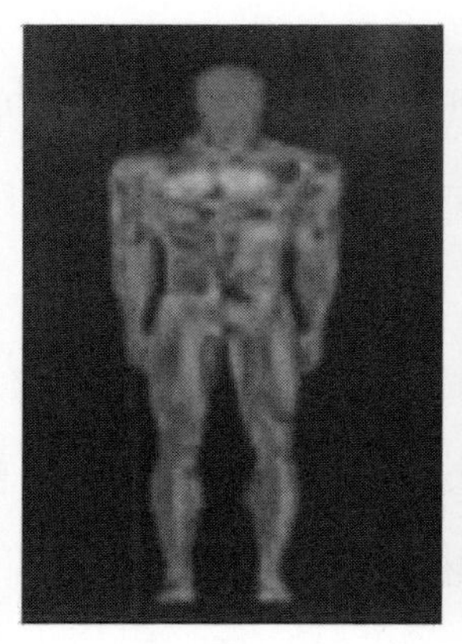
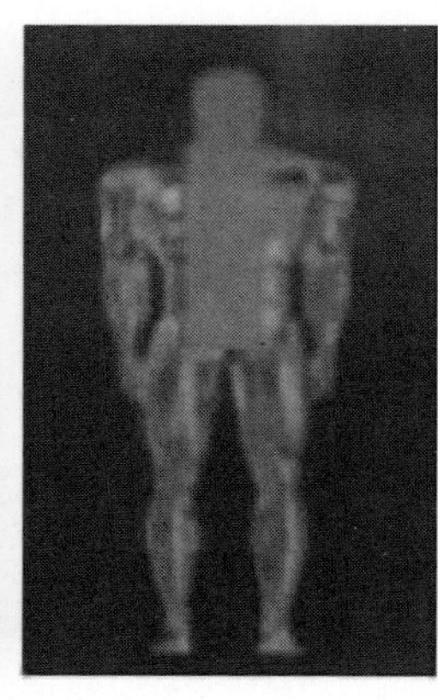
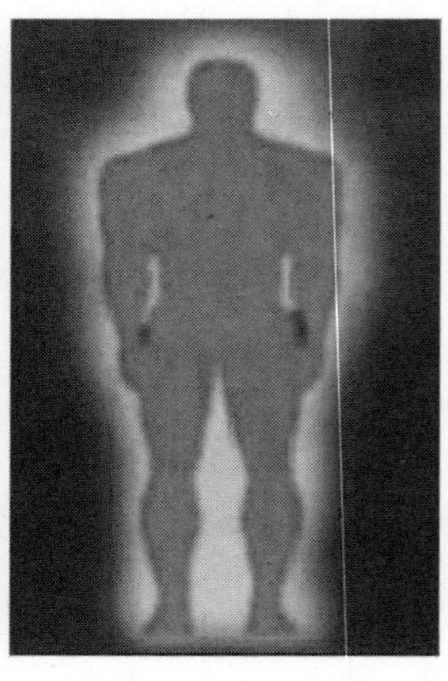

图 3-37 喷射器、手枪、电击武器三种武器有效目标部位对比

（7）模块化任务载荷非致命性武器系统（MPM-NLWS）。这是一种新型多效果集成的非致命性武器系统。据悉，通用动力公司武器与战术系统分公司于2013年9月又获得美国海军陆战队系统司令部授予的一项合同，与 ATK 公司联合开发模块化任务载荷非致命性武器系统（MPM-NLWS）。该系统还以“美杜莎”（MEDUSA）商业名称而命名，2015 年投入使用。它是一种车载多管发射器，可有选择并定量地释放非致命性效果弹药，即释放闪—震效能，可造成人的暂时性失明、失聪、热灼伤等效果并使人员产生恐惧感，以达到驱散人群的目的。该系统的作用距离为 150m。

（8）FLW200 重型遥控武器站。由 KMW 公司研制，可配置 7.62mm、12.7mm 机枪，以及 40mm 榴弹发射器，如图 3-38～图 3-40 所示。该武器站用于大型作战车辆，同时还被提议安装到“豹”2 主战坦克上，以提升其执行和平支援行动任务的能力；KMW 公司已通过了 40mm“韦格曼”多用途发射器（MPL40）的合格验证。该发射器能够发射 40mm 非致命榴弹，可集成到 FLW 系列遥控武器站，以提升武器系统的作战效能。

此外，作为非常独特的解决方案，KMW 公司还专门对这两种遥控武器站进行了不同配置，包括并列配置致命与非致命性武器，以控制暴乱行动和执行安全任务等。机枪与高压脉冲喷水器非致命防护系统（NLS）集成在一起。该喷水器可添加油脂辣椒素（OC）、硝酸纤维素（CN）、邻氯苯亚甲基二腈（CS），以及颜色标识剂等其他制剂，既具有动能弹驱散暴乱分子的效果，又对其具有二次刺激效应。

图 3-38　40mm“韦格曼”防护系统　　图 3-39　76mm“韦格曼”防护系统

图 3-40　安装了 40mm“韦格曼”多用途发射器的 FLW200 遥控武器站

（9）赛博空间侦察系统。赛博空间是一种真实存在的作战领域，与陆、海、空、天类似，它由信息基础设施（物理域）、信息逻辑活动（逻辑域）、信息意识形态（认知域）三个层面要素组成，整体演化发展、协同与优化，通过信息的建立、利用、控制、削弱和中止来实现赛博空间作战（赛博战）行动。

2014 年 6 月，美国国防部宣布其赛博司令部（包含 133 个分队）经过数年筹划，将进入实战阶段，全面开展情报侦察、信息窃取、攻击干扰、网络防御和支援保障等赛博战任务。另外，近年来发生的俄格冲突、维基解密、震网病毒、棱镜计划、台菲黑客战等事件也表明，赛博空间已经成为大国竞相博弈争夺的战略制高点，是事关国家核心利益的重要领域，战争形态已在赛博空间领域逐渐变为现实。

赛博侦察系统实现对敌方赛博空间的态势感知，其主要任务是：对敌方赛博空间内的基础设施、传感器网络、通信网络和应用系统实施情报侦察和信息刺探，实现对敌方赛博作战能力和作战意图的评估、关键装备节点的定位、网络拓扑和协议的分析。“棱镜”是近年来曝光的最轰动的赛博空间侦察事件，事实上它只是美国“星风（Stellar Wind）计划”的一个子项目。“星风计划”是美国前总统小布什秘密策划的全球赛博空间侦察项目，包括“棱镜”（Prism）、“码头”（Marina）、“主干道”（Ma-inway）和“核子”（Nucleon）四个子项目，其目的是对电话、电子邮件、网络聊天等渠道的海量信息进行监视与分析，挖掘筛选出有价值情报进而建立赛博空间的信息“联系链”，以实现对被侦察方赛博空间作战意图和动向的提前感知。

2. *存在的问题*

在非致命性武器发展过程中，不可避免地会存在和出现新的问题，需要加以评估、解决。

例如，涡环无法达到预期的距离和压力、非致命性电击失能霰弹枪（弹药无法如宣传的那样有效）、射频车辆停止装置（研制始于20世纪90年代中期，但采购计划将推迟到2019年）、高能微波武器（HPM）与电磁脉冲武器（EMP，仍处于研究阶段，还需要超过20年的时间才能应用）、非致命性迫击炮弹（真正用途尚不为人知）等。

一些对现有、可靠的装备进行的革新往往也要花费8～10年的很长时间，如12口径霰弹枪和40mm联合非致命性警告弹用了8年，改进型闪—震手榴弹用了9年时间，有限射程发射器在经过14年的研究后现已暂停。

（二）英国

英国的非致命性武器发展在欧洲一直处于领导地位。为促进本国非致命性武器的发展，英国一直积极寻求与其他国家的合作，特别是英国与美国军方和科研机构陆续开展了多项合作业务。1997年，英国与美国负责制定非致命性武器规范的国家司法学会（NIJ）签订了信息共享协议。通过与美国共享各类非致命性武器技术信息，使得英国政府能够及时了解非致命性武器技术的最新发展动向，为解决英国非致命性武器技术发展问题提供了支持。此外，在2000年以后，英美联合举行多次非致命性武器城市作战演习，并对非致命性武器的作战能力进行了评估，以进一步增强非致命性武器的城市作战能力。

近30年，英国先后研制、装备了几十种非致命性武器，其中以1GW微波弹、L21A1橡皮子弹、舰载激光致盲武器、SMU100激光致眩器、“阿尔文”37压制性手枪等最具代表性。L21A1橡皮子弹如图3-41所示。

图3-41　L21A1橡皮子弹

英国也是最早在实战中使用非致命性武器的国家。在1982年的英阿马岛战争中，英军对阿根廷空军使用了激光眩目瞄准具，使阿战机遭受沉重打击。

1. 非致命微波武器发展概况

英国早在从20世纪80年代开始大力发展高功率微波技术，在高功率微波源的脉冲缩短和爆炸驱动方面的成就卓著，如利用爆炸磁压缩发生器与特种行波管研制的1GW微波弹。据报道，英国官方实验室和工业部门都参与了高功率微波武器的开发工作，英国国防部在英国西南部的秘密设施曾研制过多种高功率微波武器。

目前，美国计划使用英国研制的这类强力微波炸弹，该炸弹释放的电磁波威力不亚于核爆炸，能够在十亿分之一秒内放射出数十亿瓦威力的电波。这种武器将被安装在诺斯罗普·格鲁曼公司的BQM-145A中程无人机上，使用从地面起飞的高速低空飞行的无人机，也可以是从F/A-18飞机上起飞的。为了更好地部署高功率微波武器，英国国防部安排了潜在的备选平台——“风暴影子”巡航导弹。此外，英国还参加了美国波音公司的X-45高功率微波无人机计划。

2. 非致命激光武器发展概况

为对抗日益猖獗的海盗活动，BAE系统公司研制出可供油轮、运货船等商船对抗海盗袭击的非致命激光武器。它采用掺钕钇铝石榴石激光器，能够以相对低的功率有效威慑对方。英国海军研制的新一代舰载激光致盲武器，可自动跟踪并瞄准敌方目标。激光束能够在2km距离外对海盗发出视觉告警，在稍近一些的距离能使来袭者失去方向，使其武器不能有效瞄准。安装在商船上时，激光迷惑系统可以使用自身的瞄准系统，或集成已有的雷达、传感器系统来控制光束方向和功率。

在 2014 年英国交通安全博览会上，英国大不列颠海事安全（BMS）公司展出了最新研制的 SMU-100 型激光眩目枪，如图 3-42 所示。其外形与普通步枪相似，设有扳机、机械瞄具及两脚架，配件包括光学瞄准镜、夜视镜及前握把等，可用于控制人群及近距离作战等用途。此枪是应对海盗威胁而研制的，在 500m 距离上，可形成 4m 高的激光墙幕，1000m 距离内可使海盗暂时失明、眩晕。

图 3-42 BMS 公司研制的 SMU-100 型激光眩目枪

BMS 公司称，SMU-100 型激光眩目枪，不同于其他激光眩目武器，因为该枪发射的激光不是集中成一束，而是持续扫描或跳动，所以不会对有生目标造成长时间损伤，但足够的强光能够迫使海盗无法接近己方船只。目前，SMU-100 型激光眩目枪已部分装备警察部门和军队。

射频 Safe Stop 系统，由英国 e2v 公司生产，能够使陆上、海上和空中的移动目标在安全距离内受控停止，而不会造成附带损害，如图 3-43 所示。该系统已经在无人机、船只、汽车、摩托车和商业车辆上成功试用。

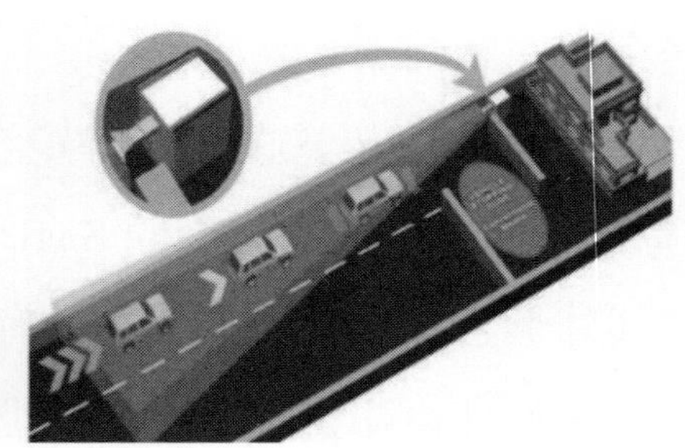

图 3-43 在车辆上（左）和固定检查点（右）安装的射频 Safe Stop 系统

其主要特点为：陆上和海上版本拦停距离可达 50m，空中版本拦停距离可达 400m，在 S 波段和 L 波段（1～4GHz）的窄带拦停能力。该系统的目的是在控制点内拦截车辆，保护车队和其他相关行动。该系统可用于海警对港口入口的保护或对机动船的拦截。该装置的质量为 350kg，工作距离可达 50m。在实践中，该系统被安装在如日产 Nevara 或丰田陆地巡逻车上。该装置在一次充电的情况下能够运行 12min，然而 3s 的电磁脉冲效果足以使车辆停止。

3. 有关激光和射频定向能武器的最新进展

2021 年 9 月 14 日，英国国防部宣布已将三项定向能武器演示器合同授予英国工业团队，总金额为 7250 万英镑（1 亿美元）。其中两个演示合同将使用激光武器，另外一个演示项目将使用一种射频武器。英国国防部称，将在英国皇家海军 23 型舰艇、1 辆卡车和 1 辆装甲车上演示这些定向能系统，并计划于 2023 年开始，2025 年完成。英国泰雷兹公司领导一个包括 BAE 系统公司、Chess Dynamics 公司、Vision4CE 公司和 IPG 公司在内的联合小组，为 23 型护卫舰上的用户实验提供激光武器演示器。

英国泰雷兹公司还将牵头 QinetiQ、Teledyne e2v 和 Horiba Mira 公司，在一辆 MAN SV 卡车安装一个高功率无线电频率演示器系统，用于由英国陆军领导的长达 6 个月的试验。雷声英国公司、NP 航空航天公司、LumOptica 公司等在“猎狼犬”装甲车上安装了激光演示器，并在英国陆军领导下进行长达 6 个月的试验，用于对抗无人机和其他空中威胁，如图 3-44 所示。

图 3-44　英国国防部选择演示的雷声公司 Swinton 激光武器

4. 非致命弹药的研制进展

在新型非致命炮弹研发方面，英国也走在各国前列。据报道，英国开发的一种不杀伤人员的高技术电子炮弹将成为未来最具威力的非致命性武器之一。这种炮弹能使敌坦克和飞机上的计算机瘫痪，破坏其无线电和雷达系统；还能使电话、电视和无线电网络中断。英国国防部对这种非致命性武器的研发表示了强烈需求。这种弹药一发仅装有几克炸药，其作用是：在弹药接近目标时打开弹壳，弹壳里的发射器在目标上空打开，通过无线电波发射电子射频，造成其作用范围内的电子线路过载而被破坏。

在执法领域，英国警方主要使用的两种非致命性武器：电能武器（泰瑟枪）和衰减能量射弹（Attenuating Energy Projectiles，AEP），如图 3-45 所示。

图 3-45　衰减能量射弹

衰减能量射弹由英国国防科学技术研究院、内政部警察巡视机构（HMIC）和警政科学发展部（PSDB）共同成立的研发团队负责研制，目的是研制一种军、警通用的新型非致命弹药，替代目前使用的 L21A1 橡胶子弹。2003 年第三季度，衰减能量射弹计划通过设计评审，2004 年初开始进入生产阶段，2005 年 6 月，首批衰减能量射弹正式交付。根据英国内政部公布的资料，这种新型弹药将由 L140 型机枪发射，有效攻击距离为 40～65m，使用寿命为 3～10 年。与 L21A1 橡胶子弹相比，这种衰减能量射弹具有更为有效的反人员能力，并大幅提高了弹药的命中精度。

（三）其他北约国家

1. 比利时 FN-303 非致命性发射系统（霰弹枪）

FN-303 是目前世界广泛装备的、最为典型的非致命动能武器，如图 3-17 所示。FN-303 属于半自动非致命弹药发射器，既可作为警用武器使用，也可安装在突击步枪上使用。该武器曾用于 2001 年阿富汗战争和 2003 年伊拉克战争，当时美军将其作为单兵非致命性武器配发给驻伊拉克和科索沃的美军车队。目前使用该武器的国家有格鲁吉亚、卢森堡、利比亚、土耳其、美国等。

2. 恒量动能系统（Less Lethal 7000）

Less Lethal 7000 是伯莱塔公司在霰弹枪基础上改装研制出的新

型可控初速的防暴枪系统，如图 3-46 所示。它依靠枪身上的新型光学瞄准镜，射击时将红点快速对准目标，用显示屏上的三个红点比对目标的成像，通过三个红点间距的变化迅速瞄准并测量出目标的距离，进而自动调整弹膛内一连串的阀门，设定排出的定量火药气体，保证在不同距离上射击时，动能弹丸都能以一个基本相同的速度来打击目标。试验显示，该系统射击时在 50 英尺（15.2m）的距离上着靶速度为 94m/s，在 230 英尺（70.1m）的距离上着靶速度为 103m/s。该系统能保证在较小的速度变化范围内击中目标，基本能实现恒量动能打击的目的。

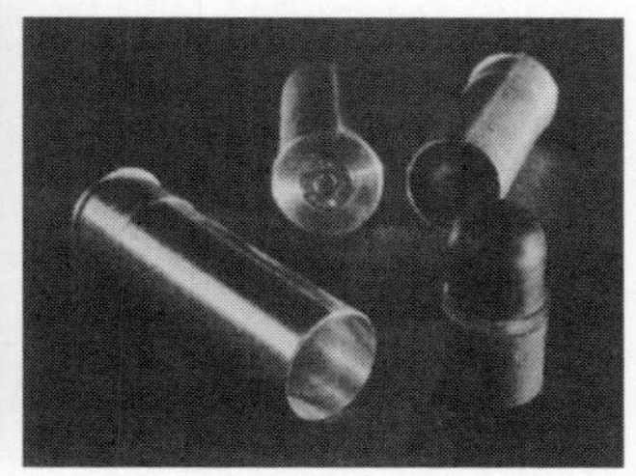

图 3-46 伯莱塔 LTLX7000 霰弹枪及金属弹壳橡胶弹

3. Mk21Mod0 模块化手榴弹

由挪威 Nammo 国防工业公司开发，为进攻而设计，产生可变化冲击效果和多种用途，每个模块都具有独立的保险机构，可以单独使用，也可两个或三个组合使用，具有更大的冲击效果和更少的碎片，可用于掩体、建筑物或像战壕等封闭房间或半封闭区域。

4. 非致命手枪系列

T-15F：由斯洛伐克 Grand Power 公司制造，是武器市场上最常见的非致命手枪之一。该手枪配备了 0.45ACP 型子弹。每颗子弹的飞行速度为150～180m/s，弹夹可容纳10发子弹。

Terminator：一种强大的非致命“猎枪”，使用四种类型的弹药。该武器重约1.7kg，长490mm。每发子弹的枪口能量为90J，威力与战斗武器相当。

Safegom：一种法国制造的新武器，口径为11.43mm。用户反映，该左轮手枪的手柄非常贴身，但与市场竞争对手产品相比，火力弱很多。

NEO：系OSA系列非致命手枪的技术延伸。该枪由复合材料和金属嵌件制成，采用了新的15×40mm口径。虽然手枪的重量增加了，但射击动作更加平稳。

5. 高功率电磁效应拒止系统（HPEMcarStop）

由德国Diehl BGT Defence公司设计制造，如图3-47所示，在车辆后部一个平台上安装这种电磁脉冲发生器，电磁脉冲从正面作用于目标车辆。HPEMcarStop已经成功地在60多种不同类型的车辆上进行了测试，可以在3～15m的距离内使目标车辆停止，成功率超过75%。HPEMcarStop系统可用于警察、军队、特种作战部队的活动或重要活动（如奥运会）的安保守卫。HPEMcheckPoint是为在检查站和重要物体（如关键的基础设施）前拦截车辆而设计的，该系统结合了HPEMcarStop系统和另一个位于拖车上的HPEM源。

图3-47 HPEMcarStop系统

（四）俄罗斯

尽管俄罗斯财政形势一直紧张，在非致命性武器的研制方面资金投入远远赶不上美国，但还是取得了不错的成绩。俄罗斯的高功率微波、激光、电磁脉冲等研究一直处于世界领先地位。

在微波弹领域，俄罗斯有其独到之处。早在20世纪，俄罗斯就拥有微波弹，瑞典和澳大利亚军方都购买过俄罗斯制造的可装入手提箱、发射10GW脉冲的电子炸弹。研制的小型便携式高功率微波源可产生0.2～1GW的峰值功率，脉冲重复频率为100Hz。还有一种专门用于防空系统的高功率微波武器，由微波脉冲功率源、高功率微波源和配套的对空监视雷达与指挥控制系统构成，分载于3辆越野卡车上，总质量为13t，辐射功率达到1GW，主要用于保卫重要的军事设施和指挥中心，使对方电子设备失效，并具有反辐射导弹的能力。据美国报道，俄罗斯还为SS-18型洲际导弹装备了电磁脉冲弹药。

在激光武器领域，俄罗斯亦处于世界领先水平，研发的非致命激光武器品种比较多。据报道，俄罗斯研制的激光特点是波长范围635～660nm的红色光束。这种激光武器的性能比美国类似的激光武器还要先进，多人操作的激光武器甚至可以瘫痪敌方航空母舰上的发动机和电子系统。

俄罗斯研制、列装的激光警告照射器，可使敌人/恐怖分子致盲或暂时失去战斗力，不仅能够制止暴徒，而且能阻止武器的瞄准。俄罗斯内务部已列装由圣彼得堡专用材料科研生产联合企业研制的“湍流”激光手电，这是一种紧凑式激光照射器，仅重180g，必要时可以加装在轻武器上，可在30m内致盲生物目标，在100m内发出警告。研制者指出，“湍流”具备通用性，不仅可以恐吓和暂时致盲，而且可以根据特有的闪光在一定距离上确定金属物体，可在10km内指向目标并压制信号。2022年5月俄宣布在对乌克兰特别军事行动中动用了新一代“寻衅者”军用激光武器，能够毁伤 5km 范围内的乌军无人机。

在俄罗斯国防部“2011—2012 年武器采购计划”中将“基于新的物理学原理研发的能源武器、地球物理武器、波能武器、基因武器，以及精神武器”纳入需求清单，研发建议书由俄罗斯“国家安全与发展”高级研究基金会具体制定（该基金会 2012 年成立，功能类似于美国国防高级研究计划局）。

2012 年，俄罗斯研制了一种名为“僵尸枪”（Zombies）的精神电子武器，主要用于打击人体中枢神经系统，使被击中者丧失反抗能力。该武器的工作原理是通过发射类似微波炉中的电磁辐射，扰乱人体中枢神经系统，影响目标人员的情绪或行为，使其完全丧失反抗能力，成为受控于他人的“僵尸”。

2012 年，普京宣布，俄罗斯将开发基于“新物理原理”的非致命性武器，包括新光束武器和“心理物理”武器。据报道，俄罗斯军方 2012 年开始测试由第 12 中央军事研究和发展研究所 Sergiyev Posad 开发的光束武器。与主动拒止系统类似，该装置使用高频辐射，利用光束加热水分子，能穿透几分之一毫米，射程约为 300m，原理是通过加热在几秒内给人造成难以忍受的疼痛感。这种光束武器可以装进一辆小客车，与美国的同类系统比体积更小、功率更低。未来 10 年内，俄军还将列装多种“基于新物理原理”的非致命武器，如激光、高频电磁武器，以及新型激光定向能武器等。

1. Filin 5P-42 光干扰系统

俄罗斯海军 2019 年 2 月开始装备了一种名为 Filin 5P-42 的非致命性武器。Admiral Gorshkov 护卫舰和 Admiral Kasatonov 护卫舰目前各装备了两套系统，能够用高强度的光束暂时致盲敌人，其他影响包括幻觉、呕吐、恶心和迷失方向。

Filin 5P-42 是为俄罗斯军队和执法部门设计的“基于闪光的非致命性干扰系统”，在低光照条件下通过闪烁刺眼的光束来抑制光学系统，暂时损害敌方设备操作员的视力。Filin 5P-42 可以影响 5km 以外的系统。20%的自愿测试者报告称，在接触这种武器时，会产生幻觉，看到漂浮的光柱。同时，45%的人经历了头晕、恶心和迷失方向的感觉。

Filin 这种特殊系统的优势之一是容易进行设计转换，以满足各种用户的要求。根据用户的目的，发射器的数量可以调整，附加组件可以具有更多或更少的功率。通过这种方式设计系统的结构，可以为军事和民用市场创建发射站。Integral Experimental Plant 正在进行 Filin 5P-42 开发升级，以提高其射程和功率。

2019 年，俄罗斯 Rostec 公司开始针对无人机和机器人开发非致命的眩晕武器，以能够对敌人产生动能（创伤）、声音、闪光和刺激的效果。为了确保最大效率，该公司新的开发重点是研究新型组合弹药，以及能够发射各种口径弹药的多功能发射器。

2. OSA-4-2 四冲程非致命手枪

俄罗斯制造的 OSA-4-2 四冲程非致命手枪，属于新一代的非致命性武器，是市场上最强大的非致命性武器之一。该枪还开发了 5 种类型的配套弹药：气雾弹、信号弹、创伤弹、声光弹和照明弹。每颗子弹的直径为 15.5mm。它有一个激光瞄准装置、一个新的易握手柄，以及经过修改的控制装置。OSA 于 2005 年被俄罗斯内务部采用，用来武装莫斯科特种警察部队。

俄罗斯应用化学研究所开发的 OSA 无管枪和其他 20 种俄制非致命性武器型号已被列入北约非致命性武器的官方目录。美国亚利桑那州警察局在 2016 年采购装备了俄罗斯 OSA 无管枪。亚美尼亚、白俄罗斯、以色列、阿拉伯联合酋长国和捷克共和国的警察部门也购买了这种武器。

第三节 物理类非致命性武器发展领域及方向重点

目前，国外物理类非致命性武器技术在声、光、电（磁）、动能等领域的发展较为成熟，部分装备在实战中已得到较好应用。一是声学类，主要有声波驱散器。例如，超声差频叠加式声波驱散器，产生强噪声声波集束效果好、作用距离远。二是激光类，主要有激光眩目器。据报道，美国陆军、海军、空军和执法机构已列装各类激光眩目器约 3 万具。三是电击类，主要有电击枪等。国外警察部门使用较多的是泰瑟枪，但对这些产品的生物损伤效应测试结果很少公布。四是微波类，主要指微波拒止系统。美国生产的该类系统处于世界先进水平。美国海军 2007 年进行过公开演示验证，到目前有上万人参加过相关测试，鉴于政治影响，但尚未正式列装。五是动能类，主要有动能打击武器和动能打击弹药。其中，动能打击装备方面，以 12 管 40mm 口径为主。最近，美国新出现了 4 管 6m 口径发射器，可发射钝击弹、催泪子母弹等。在动能打击弹药方面，橡皮子弹、痛球弹、痛块弹、软体变形弹等多种弹种已广泛列装。

一、具有发展前景物理类非致命性武器技术

以美国约例，美国国防部非致命性武器计划驱动非致命性武器，在先进的定向能技术、非致命性效果开发等方面取得了许多成就，并在美国各军种中编配，形成了一定能力。随着时间的推移，美国各军种已将其对该计划的参与拓展到警察和保安部队，在美国国防部非致命性武器执行机构的支持下，非致命性武器技术研究正在激发新的能力，并在执法之外有更广泛的应用①。

美国海军陆战队“中间打击能力办公室”通过小型企业创新研

① https://www.dsiac.org/wp-content/uploads/2021/01/DSIAC-Webinar-DE-Intermediate-Force-Capabilities.pdf

究（Small Business Innovation Research，SBIR）和小型企业技术转让（Small Business Technology Transfer，STTR）计划，这一采购驱动过程拉动非致命性武器技术发展，仅 2021 财年，美国海军部支持小企业创新/研究的年度资金高达 3 亿美元。

（一）可行性研究阶段的技术

1. 聚焦增强型声学驱动技术（远程）

2020 年 5 月，美国海军 SBIR 计划征集了专注于远程非致命性警告功能的聚焦增强型声学驱动技术（Focused Enhanced Acoustic-driver Technologies，FEAT），如图 3-48 所示，旨在提供远距离非致命性呼救和警告能力，以拒绝个人进入/离开一个区域，在一个区域内移动个人，压制开放和封闭空间内的个人，并通过向车辆/船只操作员提供可理解的语音命令来拦截车辆和船只[①]。

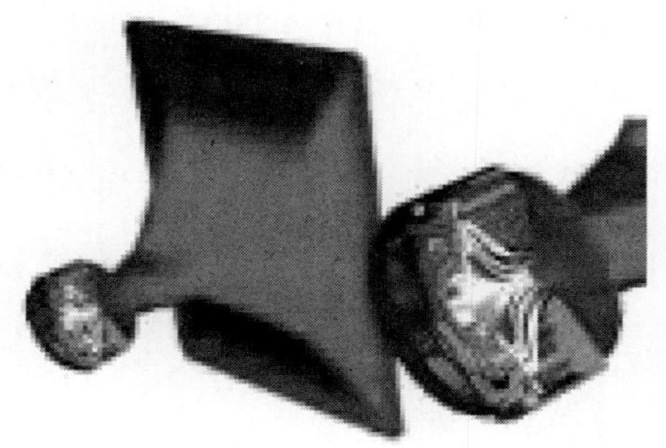

图 3-48　聚焦增强型声学驱动器技术（声学驱动器）

2021 年，Great Lakes Sound & Vibration 公司被授予第一阶段合同。该公司提出了一个新的驱动器和喇叭的概念，能够满足产生 123dB 或更大的声压级输出水平的要求，并且质量小于 3 磅（1.36kg）。该公司建议将 8 个驱动器和喇叭对集成到一个包含自适应波束成形和大气补偿的升学阵列中。第一阶段的工作是为了证明这种创新方

① https://www.sbir.gov/node/1696649

法的可行性，该方法结合了一个高效的 125mm 钕锥体驱动器，对最大声压级和低质量进行了优化，并采用了创新的喇叭设计，提供了 8 条声音增强路径，在 1m 处提供 123dB 的声压级，频率范围为 100～2500Hz。第一阶段的技术工作包括重要的建模和模拟工作，以了解和优化系统性能。此外，还包括若干基准测试，以了解和减少在第二阶段开发原理样机之前的关键硬件组件的风险。还有就是，将设计软件和硬件结构，并生成原型代码，以证明通过波束成形增加增益的可行性，通过使用较低的频率提高清晰度/可懂度和声音的穿透力，并通过均衡补偿与频率有关的大气损失①。

2. 紧凑型超短脉冲激光系统

2018 年 8 月，美国海军小企业创新研究（SBIR）计划征集了可扩展的紧凑型超短脉冲激光系统，旨在开发一种轻便、节能的下一代超短脉冲激光（Ultra-Short Pulse Laser，USPL）系统，以能够诱导产生可持续和可控的等离子体，扩展了非致命全谱效应范围。美国海军在可产生可扩展激光诱导等离子体效应（Laser-Induced Plasma Effects，LIPE）的超短脉冲激光武器系统研发工作已取得一些进展，但未能在所需范围内实现预期效果，开发的系统样机很笨重，无法集成到小型战术车辆上。

美国海军陆战队正在寻求一种创新解决方案来开发可扩展的紧凑型超短脉冲激光系统。该系统将包括一套两个（或更多）超短脉冲激光武器系统，至少应该包括一个可以启动等离子（点火激光器）的飞秒级超短脉冲激光，以及一个用于对点燃的等离子体进行闪光加热的纳秒级超短脉冲激光，以产生增强的非致命效果，如闪光爆炸效果、疼痛热消融，以及在一定范围内传递可理解的语音命令②。

① https://www.sbir.gov/node/1925063
② https://www.sbir.gov/sbirsearch/detail/1508927

但是用于可扩展的紧凑型超短脉冲激光系统的高能效轻量级超短脉冲激光器在市场上无法买到。2020 年，该技术第二阶段合同被授予给 Aqwest 公司。在第一阶段合同中，Aqwest 公司确定了可扩展的紧凑型超短脉冲激光武器系统的设计概念，验证了前置放大器的设计，确定了减少整个可扩展的紧凑型超短脉冲激光系统尺寸、重量、功耗和热负荷的途径，以便能够在小型战术平台上部署。Aqwest 公司在第二阶段将开发并交付原理样机演示激光器组件（Demonstrator Laser Assembly，DLA），以支持美国海军陆战队对脉冲在空中传播和脉冲对目标影响的研究。这一功能独立的激光系统将与发射光学器件系统集成，作为开发完整的可扩展的紧凑型超短脉冲激光武器系统的第一步。

具有超短脉冲激光器的改进的激光诱导等离子体效应装置已经开始第二阶段研究，2020 财年成功研制出原理样机，如图 3-49 所示。

图 3-49　激光诱导等离子体

3．固态高功率微波系统

2018 年 11 月，美国海军开始征集高功率微波源优化研究的方案，旨在开发一个紧凑、高效的高功率微波 L 波段（0.5～1.5GHz）和 S 波段（2.0～4.0GHz）源，并配备加固的子系统和管子，使射频-高功率微波（Radiofrequency-High-Power Microwave，RF-HPM）系统能够产生足够的定向能量来止动车辆和船只的引擎①。

2020 年，XL Scientific 公司通过技术转让获得了该项目的第一阶段合同。Verus Research 与新墨西哥大学合作，提议开发一个十亿瓦特级的 S 波段高功率微波源，以整合到车辆和船只的制动系统中②。另外的一份合同给了 Metamagnetics 公司，该公司与新墨西哥大学和通用原子能公司合作，基于在回旋磁非线性传输线（Gyromagnetic Nonlinear Transmission Lines，gNLTL）和紧凑型高增益槽型波导天线（High-Gain Slotted Waveguide Antennas，HGSWA）方面的工作，提出了一个完全固态的高功率微波系统。该系统将阻止车辆和船只，并可发展在空中使用。Metamagnetics 公司已经开发了新的、超紧凑的 NLTL 技术，能够将每个脉冲中 10%的能量转换为 1 GHz 的射频信号，从而在 10ns 内产生约 0.5MW 的平均功率，并在最初几纳秒内产生超过 1.5MW 的峰值功率。拟议的 NLTL 将在低电压、低阻抗和高重复率下运行③。2021 财年将授予第二阶段的合同，开发具有优化的短脉冲源的更高功率的微波（固态高功率微波）车辆拦截器，如图 3-50 所示④。

4. 聚焦定向能天线系统

2019 年 12 月，美国海军 SBIR 计划征集了用于远距离车辆/船只制动的聚焦定向能天线系统（Focused Directed Energy Antenna Systems，FoDEAS）。以减少整个系统的尺寸、重量、功耗、热冷却和系统成本的方案⑤，对威胁车辆和船只的发动机和嵌入式电子装置进行电子攻击，利用宽带高功率微波天线提供远距离、非致命的

① https://www.sbir.gov/node/1642815
② https://www.sbir.gov/sbirsearch/detail/1848383
③ https://www.sbir.gov/node/1848391
④ https://www.dsiac.org/wp-content/uploads/2021/01/DSIAC-Webinar-DE-Intermediate-Force-Capabilities.pdf
⑤ https://www.sbir.gov/node/1654539

车辆/船只制动能力。

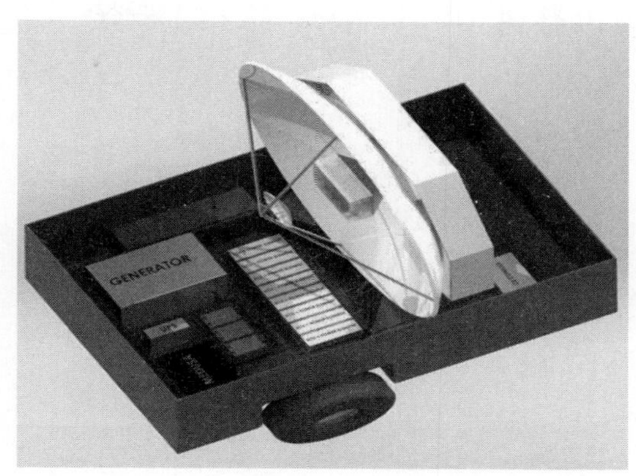

图 3-50　固态高功率微波系统

该天线包含频率分割功能，允许使用这种非致命性武器而不干扰或与关键的通信、导航和/或雷达（频率）系统发生冲突。典型的定向能武器系统依赖于高峰值功率的窄带（单一频率）波形，采用高功率微波对车辆或船只目标上的关键电子装置进行电子攻击并使其失能/失效。这些高功率微波定向能武器通常采用体积大（直径约 3～4.58m）和质量大（>68kg）的高增益（25～30dBi）天线系统。第二类高功率微波定向能武器系统是通过采用由多个频率组成的（完整）单一波形的宽频高功率武器。这些宽带高功率微波源与窄带源相比有优势，但通常也使用全向天线系统。这种系统通常能更有效地中和车辆和船只发动机上的电子设备，但是非聚焦、非定向的，发挥作用的有效范围较短。另外，宽带高功率微波最有效的反电子能力是在 100～900MHz 和 1～3GHz 的频率范围内，这些频率范围正好是一些关键的军事和商业通信、导航和雷达系统特定的运行频率范围。因此，这些宽带高功率微波系统可能会干扰这些系统，妨碍其运行，影响其性能。

2020年，该计划第一阶段合同被授予给BRIDGE 12 TECHNOLOGIES

公司。该公司建议设计和模拟一种新型宽带高功率微波天线，将能够在 L 和 S 波段以高达 10MW 的输出功率运行。该天线基于一个多元素设计，以提供高增益和高指向性，将具有特定的频率分割，以防止在可能干扰其他关键军事和民用系统频率的辐射功率。它将使用新型电磁结构来实现频率分割①。2022 年将授予具有宽带高功率微波天线的紧凑、轻量、高增益的聚焦定向能天线系统第二阶段的合同②，如图 3-51 所示。

图 3-51　聚焦定向能天线系统（宽带高功率微波天线）

5. 武力升级通用遥控武器站

武力升级（Escalation of Force，EoF）通用遥控武器站（Common Remotely Operated Weapon Station，CROWS）携带一个武力升级包（除了正常的武器装备），包括一个高功率白光、一个绿色激光炫目器、一个远程声学装置和一个短程非致命弹药的多重发射器，如图 3-52 所示。

① https://www.sbir.gov/sbirsearch/detail/1923977
② https://www.dsiac.org/wp-content/uploads/2021/01/DSIAC-Webinar-DE-Intermediate-Force-Capabilities.pdf

图 3-52　武力升级通用遥控武器站

这个概念也被称为 S5，即展现、闪光、喊话、推走、开火（Show，Shine，Shout，Shove，Shoot），在遭受威胁情况下提供一个逐步升级的反应能力，计划在 2023 年期间进行演示。EoF-CROWS 上的所有组件要么已经编配部署，要么已经经过广泛的试验。关键是所有元素都集成在一个系统中，并以套件的形式提供，易于运输、安装和卸载①。下一代 EoF CROWS 系统的技术开发主要涉及 EoF 技术优化（声音警告设备、激光炫目器和 LED 明亮白光）。技术路线是：在武力升级通用遥控武器站非致命性武器的基础上，将 LRAD 500X 声音警告设备、BE Meyers Glare Recoil 激光炫目器和 Wise LED 刺眼白光整合到 CROWS 基本系统中。该项目的材料开发商是新泽西州的 PM 士兵武器公司；工程设计由美国陆军作战能力发展司令部武器装备中心（Combat Capabilities Development Command Armaments Center，CCDC AC）负责；美国陆军水运系统公司负责作战开发；位于阿伯丁试车场的美国陆军测试与评估司令部（Army Test and Evaluation Command，ATEC）负责安全发布；非致命性可扩展效应武器供应商待定②。

① http://monch.com/ebooks/military-technology/2020/09-10-miltec/10/#zoom=z

② https://jnlwp.defense.gov/Portals/50/Documents/Resources/Presentations/Overview_Presentations/DoD%20NLW%20Brief%20for%20ASF%20-%204%20Jun%2019_FINALedits.pdf?ver=2019-07-30-131501-567

6. 其他处于可行性研究阶段的非致命性武器技术

2020 年 12 月，美国陆军采购、后勤和技术助理部长（Assistant Secretary of the Army for Acquisition，Logistics and Technology，ASA（ALT））资助的美国陆军 xTech 计划授予了非致命性驾驶员防御两份第二阶段的合同，分别是 Cornerstone Research Group 公司的多感官战术探测和威慑（Multi-Sensory Tactical Detection and Deterrence，MuST-2D）系统和 Megaray 公司的高输出白光/激光器提案①，旨在寻求非致命解决方案，以禁止或阻止平民和旁观者干扰有人和无人平台的行动。

2021—2022 财年，美国海军还直接对用于第二阶段的尺寸/重量优化的紧凑型发电机（5～20kW）技术②、小型战术车辆和无人系统上的远程“中间打击能力”的非致命性有效载荷③、用于远距离非致命性车辆/船只拦截能力的宽带反电子武器④等项目的小型企业创新研究活动展开了征集。

（二）技术开发与演示验证项目

1. 无绳人体肌电失能弹药

2018 年 8 月，美国海军 SBIR 计划征集小型武器远距离人体肌电失能（Human Electro-Muscular Incapacitation，HEMI）弹药的方案，旨在开发一种小口径、非致命、无绳的人体肌电失能弹药，可供美国国防部常规小武器使用⑤。该征集公告中指出，长距离、持续时间长、无绳的 HEMI 弹药是美国国防部一个长期寻求的使用需求，但目前尚未得到满足。目前，美国所有军种都使用了泰瑟枪 X-26，弹体用导线拴住，将射程和精度限制在 20～25 英尺（6.1～

① https://www.arl.army.mil/xtechsearch/competitions/xtechsbir.html#schedules_and_prizes
② https://www.sbir.gov/node/1838081#
③ https://www.sbir.gov/node/1837881
④ https://www.sbir.gov/node/1965353
⑤ https://www.sbir.gov/node/1508929

7.6m）以内，并将非致命性的肌电破坏（EMD）“失能”效果（即全身肌肉束缚）和非致命性“失能”效果的持续时间限制在5s。在这个技术领域，美国以前至少有四项由美国国防部陆军和海军资助的SBIR工作启动，但都没有开发出有效的HEMI弹药，来满足弥补联合非致命性武器计划的能力差距。

美国海军陆战队正在寻求创新技术，以设计一种低成本（每发少于1000美元）的HEMI弹药，可供美国国防部小型武器使用；最小安全距离为5m，最大有效距离为100m以上；提供非致命性的人体失能作用时间阈值为30s，目标为3min以上；以大约50C或更少的总装药量提供非致命性的人体失能效果（现成的商用HEMI波形弹的总装药量约为100C）；适当的弹丸飞行稳定性，以达到最小安全/最大有效射程的能力，并在100m以上准确“击中”人类目标的钝性冲击效应方面具有较低的重大伤害风险；先进可靠的子弹附着能力，能够附着在人体上，并穿过普通的天然衣物（如织物、牛仔布、皮革等），以确保在上述所需的时间内产生HEMI效应等。

2019年，该计划授予Harkind Dynamics公司合同，该公司提出了一种引信式、超远距离、长效的HEMI弹药，可以在美国国防部库存的12口径小武器中部署。12口径的弹药将具有更好的空气动力学稳定性、更平坦的弹道，以及比大型弹药（如40mm）更好的准确性。此外，通过采用电极推进系统，将电极从弹药前方推向目标，同时降低弹药撞击前的速度，帮助减少钝性撞击伤害，可以使用更高的初始速度，从而增加有效射程。通过利用可变形的弹头，进一步减少钝性冲击伤害，其材料特性是根据应用而定制的。

2020年6月，美国海军陆战队测试了Harkind Dynamics公司研发的12口径的、非捆绑式非致命弹药，如图3-53所示。

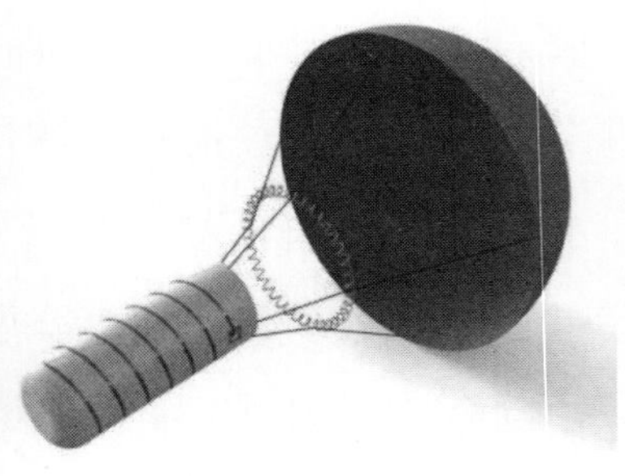

图 3-53　无绳人体肌电失能弹药

被称为“远距离小型武器脉冲电子化”（Small Arms Pulsed Electronic Tetanization at Extended Range，SPECTER）的可行性研究，该弹药能够在 100 多米外攻击并使目标丧失能力，克服了其他设备（如泰瑟枪）射程和精确度有限的缺点[①]，预计在 2022 财年完成原理样机的开发[②]。

2. 高功率发电机

2013 年，美国海军发布了开发用于主动拒止技术和高功率射频（RF）系统的主动力系统的征集公告，旨在为定向能武器开发一种小型、轻型、主动力系统，能够在很短时间内产生大量的能量。该征集公告指出，随着固态射频和毫米波源继续革新武器系统，同时满足美国陆军、海军、海军陆战队、空军和海岸警卫队的要求，越来越需要一个创新的、紧凑的、轻量级的主动力系统，用于高功率毫米波发电和射频源[③]。

2015 年，Candent 技术公司被授予 SBIR 第二阶段合同。该公司提出了一种基于微型涡轮机的发电系统，旨在连续提供高达 250kW 的电力，随时可以使用，没有在关键时刻可能导致系统无法使用的开/关时

① https://www.newscientist.com/article/2247049-us-military-electroshock-weapon-can-hit-a-person-100-metres-away/

② https://www.dsiac.org/wp-content/uploads/2021/01/DSIAC-Webinar-DE-Intermediate-Force-Capabilities.pdf

③ https://www.sbir.gov/node/401661

间或工作周期的限制。该系统由一个小型单轴燃气轮机直接驱动高速永磁交流发电机以恒定速度运行，整流输出提供直流电源。涡轮机配备了一个废热回收系统（换热器），从而使燃料效率优于类似功率的柴油机。该系统的重量是同等柴油系统的四分之一，体积是三分之一[①]。

2021 年 8 月，Candent 公司交付了根据 SBIR 第二阶段合同为美国海军陆战队开发的用于非致命定向能武器系统的高功率发电机，重 480 磅（217.7kg），功率 300kW[②]，如图 3-54 所示。

图 3-54　Candent 开发的轻型高功率发电机

（三）远程“中间打击能力”非致命性武器载荷

2021 年 1 月至 3 月，美国非致命性武器管理执行机构美国海军陆战队联合非致命性武器项目管理办公室发布了美国海军小型企业创新研究（项目）：安装在小型战车和无人系统的远程“中间打击能力”（IFC）的非致命载荷（N211-001）。

目标是开发更紧凑和轻型的远程反人员/反物质非致命性武器（NL）系统，而且是一套紧凑型，多武器集成的非致命性武器载荷系统，提供可扩展的、可与其他军事打击效果相结合的，且适用于多个领域的“中间打击能力”（IFC）效果。在通用作战架构中，将

① https://www.sbir.gov/sbirsearch/detail/867579
② https://www.dsiac.org/wp-content/uploads/2021/01/DSIAC-Webinar-DE-Intermediate-Force-Capabilities.pdf

各种 IFC 效果的非致命性武器载荷与其他多用途军事能力，如指挥、控制、通信、计算机、情报、监视和侦察（C^4ISR）、安全通信和自动火控系统等集成为一体，获得增效价值。

非致命载荷全部集成在小型有人系统和无人系统（UxS）平台上。适用的平台包括：①城市和复杂特殊地形的小型战术车辆/船只和无人地面车辆（UGV）；②针对空中和地面的作战保障无人机（UAV）；③开放水域的无人水面车辆（USV）和无人水下航行器（UUV）。这些具有“中间打击能力”的非致命性武器载荷（NL/IFC）将用于支持各种维稳行动、灰色地带作战，以及跨全域作战（ROMO）的常规与非常规作战任务。

创新有效载荷包括具有针对人体的新型远程 IFC 非致命刺激剂，以及利用高磁场光致作用的新型非致命性武器载荷。例如：①远程发射冰雹和警告功能；②区域拒止能力；③人员目标限制能力；④从开放和密闭空间移动个人/或群体的能力；⑤对威胁人类/物质的目标实施非致命性失能/禁用的能力。

二、主动拒止系统/主动拒止技术

第二次海湾战争时，美国国防部决定将一种还处在试验阶段的新式非致命性武器——“主动拒止系统”部署到伊拉克，以对巴格达的联合作战指挥所附近的安全区域实施保护。主动拒止系统，属于“威慑”类武器，主要用于控制人群，其优点是：对人的攻击无声无息，被称为是“自原子弹研制成功以来最具革命性的新式武器”。

主动拒止系统的开发由来已久。20 世纪 80 年代初，当时美国空军研究实验室的定向能研究管理局设立了一个固定发射场演示活动。1996 年，美国国防部成立非致命性武器联合理事会，作为海军陆战队执行机构，开发非致命性武器技术。而后，非致命性武器联合理事会给美国空军研究实验室提供资金，生产了两台车载主动拒止系统（VM-ADS）样机。尽管该武器对人体炸弹产生的阻止和威慑作用尚不可量化，但伊拉克战场确实成为主动拒止系统控制敌对人群效能试验的理想试验场。

（一）作用原理

主动拒止技术（Active Denial Technology，ADT）的基本原理是产生一束聚焦的定向能（DE）击退敌人。主动拒止系统一般主要由电源、微波电磁辐射发射器和将能量射束指向目标的天线等三部分构成。该系统工作频率 95GHz，发射功率 100kW。操作员通过装在天线组件上的微型摄像机和热敏成像仪瞄准目标，用操纵杆转动天线，按下触发器，以微波能量射束“射击”目标。以光速飞行的无形射频毫米波与目标接触，穿透皮肤的深度仅约为 1/64 英寸[①]。这种微波辐射效应产生了一种难以忍受的热感引起强烈的疼痛（灼热）感，迫使目标人物本能地移动，从而迅速使受到辐射的人中止敌对行动，或者逃离辐射源。在人员移出光束或操作者关闭 ADT 系统后，热感立即停止。由于能量对皮肤的渗透较浅，人类正常本能的逃避反应，使得受伤的风险很小。

ADS 在小型武器射程以内和以外的距离均产生可逆转的效果，为美国部队提供额外的决策时间和空间，以验证侦察到的敌对意图/行为，为作战部队提供多种选择，以最小的伤害风险阻止、威慑和击退可疑的人。主动拒止技术可以支持完成多种任务，包括部队保护、周边防御、人群控制、巡逻/护送、防御性和进攻性行动。

（二）发展过程

从 20 世纪 90 年代到 21 世纪前 10 年，美国详细制订了主动拒止系统发展规划，从第一代系统演进到第三代，如图 3-55 所示。

① 1 英寸=25.4mm。

图 3-55 美国三代主动拒止系统研制过程

从 2002—2007 年，主动拒止系统先进概念技术演示产生了两个主动拒止系统，如图 3-56～图 3-58 所示。由美国非致命性武器联合理事会发起，主动拒止系统 1 将该技术与高机动性多用途轮式车辆相结合；主动拒止系统 2 是作为一个可由战术车辆运输的装甲、集装箱系统来建造。每个系统都成功地完成了一系列陆上和海上的军事用途评估。

图 3-56 主动拒止系统 1

图 3-57 主动拒止系统 2

图 3-58　主动拒止系统杀伤效应示意

具体系统描述如下：

主动拒止系统

目标类型：反人员。

用途：实施区域封控，禁止出入和穿行，并对人员目标进行压制。

系统功能：主动拒止系统是一种远距离车载定向能系统，在轻武器射程外发射不可见的电磁毫米波能量束。

应用范围：部队防护、入口控制站及其他攻击和防御行动。

效应：产生灼热感使人无意识地逃离毫米波光束。

交付系统：车载或安装在地面使用。

附带损伤：如果暴露过多可能会造成轻微灼伤。

防范措施：遮盖或障碍物，如墙壁/建筑物。

环境效应：在雨天和潮湿环境下使用可能会影响效果。

（三）目前进展

从 2014—2015 年，主动拒止系统 1 被翻新成一个可由美国海军陆战队中型战术车辆替换卡车，运输更具移动性的系统。这两个原理样机都是远程、大尺寸系统，适合于测试、评估、演习和演示。从 2010—2015 年，与美国陆军合作开发了一个更紧凑、更短距离、基于固态技术的主动拒止系统，也可用于测试和评估。

大规模主动拒止系统样机的演示和测试包括在静态环境中对志愿者的12000多次暴露，以及现实的操作评估。实验室研究和全面测试结果表明，系统暴露造成伤害的概率不到十分之一。关于95GHz毫米波定向能量的安全性和有效性的研究已经进行了同行评审，在许多专业期刊上发表，并由人员影响咨询小组进行了独立审查。由于主动拒止技术非致命效果的新颖性，非致命性联合计划在提高对这项新技术的优势、安全性和有效性的认识方面采取了积极的策略。

远距离主动拒止系统原理样机如图3-59所示①，长距离主动拒止系统的操作者可以在1000m的距离观察潜在的威胁，对下一代主动拒止系统将具有更高的机动性。

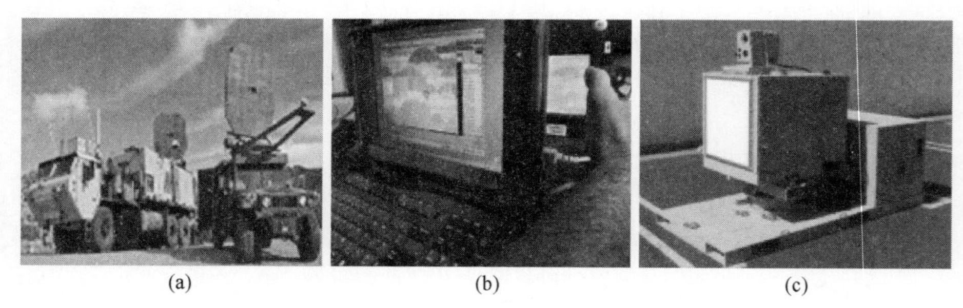

(a) (b) (c)

图3-59 A-C 新一代主动拒止系统

主动拒止系统第三个配置利用了固态氮化镓（GaN）单片微波集成电路，取得进一步进展。美国陆军正在寻求改善尺寸、重量和功率—成本/冷却（SWAP-C2），以整合到各种移动平台。氮化镓比硅的集成电路效率高得多，是促进SWAP-C2改善的核心技术之一。其他工作包括：行动评估；北约案例研究；在基本功率、冷却方式、天线设计、装甲等方面减少尺寸和重量；将ADT

① https://jnlwp.defense.gov/Press-Room/Fact-Sheets/Article-View-Fact-sheets/Article/577989/active-denial-technology/

与其他技术结合起来，作为一个系统，以实现更广泛的应用；利用人体效应研究来获得最佳系统设计参数；W 波段可穿透的装甲等。经过多年努力，紧凑型固态主动拒止技术研究已于 2021 年年中完成。

三、非致命激光武器系统

自非致命性武器诞生之时，非致命激光致盲武器就占有一席之地，1995 年美军在索马里就曾使用“军刀”203 激光照射器驱散骚扰人群。激光武器由于精度高、成本低、附带损伤小等潜在优势而成为许多国家重点关注的对象。国际上主要发达国家都在大力发展激光武器技术，将高能激光武器作为其提升威慑力和打击能力的重要手段：美国处于领先地位；俄罗斯在 2009 年恢复机载激光武器研究；以英国、德国等为首的欧盟国家也有发展激光武器的计划；日本、韩国借助本国实力和与美国的军事战略伙伴关系，积极发展相关技术并参与相关武器系统的研究；印度国防部则针对反卫星等需求提出了发展激光武器的计划；随着高能激光技术的进一步成熟，以色列和美国诺斯罗普·格鲁曼公司等也有可能重新合作开展采用新型光源的战术激光武器。

（一）作用原理

激光是不同于普通光源的特殊光，具有单色性极好、极高的光子简并度、相干性好、方向性强、极高的亮度、谱线范围宽且可调等特性。因此，激光对物体的作用或激光对目标的杀伤效应，也表现出多种机制。总体上，激光武器的作战目标分为人和光电设备等物质，其损伤或杀伤机理也分为对人的作用和对物质的作用，其中对人主要有致盲和损伤皮肤等两大损害。

激光致盲作用，实际上就是用激光束在一定距离上照射人的眼睛，使其视网膜大面积出血，甚至使人眼睛变瞎的一种武器。激光致盲武器一般都是一种小型高效率的脉冲激光器。激光对眼睛的轻度伤害，一般要 1～7 天才能恢复过来，严重的伤害会造成永久性伤害，甚至失明。由于人眼瞳孔在夜间面积比白天大 10 倍，因此夜间激光对人眼的伤害更为严重。

除了激光武器可用于人眼致盲外，激光对皮肤也可以产生热效应，灼烧人的皮肤。

目前，战场作战指挥控制系统和通信系统、武器系统中大量使用各种光电探测器，探测和接收各种光电信号。对于上述各种系统来说，低能激光武器能够攻击探测器，破坏这些系统，使之变成聋子和瞎子。与此同时，光电探测器对红外或可见光辐射还特别灵敏，正好为非致命激光武器提供了用武之地。战场上激光武器攻击探测器常采用如下几种方式：

（1）使探测器“致盲”，使其丧失探测、跟踪、引导的能力。

（2）对探测器进行干扰或诱骗，使其降低效率或出现错误。

（3）破坏探测器的关键性元部件，使其无法正常工作。

（4）引起探测器或其光学系统出现热损伤或物理损伤。

（二）激光武器发展历程

激光武器由于精度高、成本低、附带损伤小等潜在优势而成为许多国家重点关注的对象。自 1960 年世界上第一台激光器诞生起，美国便着手激光技术的研究发展，并一直致力于将激光技术应用于战场。经历了几十年的发展历程，兆瓦级化学激光武器和空基高能固体激光武器光源、光束控制、强光光学及系统集成技术渐趋成熟，特别是近十年来，多种类型激光武器系统在结合战术应用需求的系统综合能力验证上取得了重大突破，多种类型高能激光武器处在走向实战化应用的关键阶段。

20 世纪 70 年代，美国空军率先开展空基激光实验室计划（ALL）。该项计划中激光器采用波长为 10.6μm 的二氧化碳激光器。在进行了 11 年之久的各次试验中，共有 5 枚 AIM-9B“响尾蛇”空空导弹和 1 架 BQM-34A“火蜂”靶机被击落。

1979 年，ALL 项目的激光器输出功率已经达到了 456kW 并维持 8s，经过处理后从武器系统输出时也达到 380kW，可在 1km 外的目标上实现 100W/cm^2 的能量密度。ALL 试验解决了激光武器实用化过程中的主要问题，如高能激光器、高精度跟踪系统和远射程。在发展空基激光实验室计划的同时，美国也于 1977 年着手新型激光器的研制，其中包括氧碘化学激光器（COIL）和氧化氘化学激光器（DF），空基激光器计划（ABL，后改名为 ALTS）随之得到发展。

ABL 的发展虽然以失败告终，但是化学激光器仍然是激光武器中最成熟的类型。同样是氧碘激光器的先进战术激光器（ATL）仍在继续发展，该项目由波音公司负责，预定由 NC-130H 平台搭载进行高能激光试验，2006 年交付了 ATL 载机。2009 年 9 月，ATL 进行了首次空对地高能激光打击，摧毁了一辆无人车辆，2009 年 6 月，ATL 首次在空中发射激光。根据气候条件和各地环境的不同，ATL 的有效射程区别很大，最好时有效射程超过 30km，最差时有效射程不足 8km。

同一时期的地基反卫星武器方面，1999 年，美国用氟化氘中红外先进化学激光器和“海石”光束定向器组成的地基激光反卫星武器，试验激光跟踪、瞄准和对卫星光电传感器实施激光攻击。结果表明，该系统具有明显的可行性和有效性，而且具备一定的实战能力，并成为美国目前潜在的地基激光反卫星系统。

随着科技的不断发展，固体激光器的发射功率已经可以超过 100kW，达到武器使用级别，且由于使用维护简便等优势逐渐得到美军的青睐。2009 年，美国高能激光联合技术办公室（HEL/JTO）

联合美国海陆空三军，共同研制联合高能固体激光器（JHPSSL），并取得较大进展。

美军把激光照射作为口头、非口头警告与开火杀伤的中间环节。

Meyers 公司对非致命小尺寸激光器的研究已经超过 15 年，能够让敌人暂时丧失主动性，而且发出警告：下一步可能对其使用致命武器。据报道，美军在阿富汗、伊拉克使用了约 12000 部 GLARE MOUT Plus 便携激光器。此后，军方又使用 36000 多部 Meyers、Thales 公司生产的各类激光照射器。GLARE MOUT Plus 可以固定在 M4、M16A4 和 M27 自动步枪上，能够产生波长为 532nm 的绿色激光。即使在白天受到绿色激光照射，人眼也有明显的感觉，起到禁止人员靠近的作用。夜间这种照射会产生致盲效果。

Meyers 的非致命“激光照射器”不仅能够恐吓、警告，而且可以暂时致盲敌人。试验确认，在 600m 以内对人眼进行激光照射可使其暂时失明、发生眩晕。使用者将激光对准目标并不复杂：最大距离上散射 0.45°，光束的直径接近 15m，可以覆盖群目标。这一计划称为 OIS（目视中断系统），而且有多种方案。

GLARE LA-9/P 激光装置更强大，夜间距离 4km、白天 1.5km 可以照射潜在敌人。在这一距离上激光的能量完全可以灼伤视网膜，因此研究者不得不研制功率自动调节系统。借助测距仪，照射器确定距生物目标的安全距离，并相应校准功率，只是进行恐吓，不至于使其永久失明。GLARE LA-9/P 激光装置既可以附加在轻武器上，也可以作为独立装置。美国海军陆战队和潜艇、水面舰艇艇员均配备了这一款激光器。

（三）美国各军种发展的激光非致命性武器

1. 海军

一直以来，美国海军对非致命激光武器有明确的需求。

2011 年，美国海军和诺斯罗普·格鲁曼公司基于 JHPSSL 技术，签订了“海基激光演示”（MLD）项目的合同，并完成了海上试验，成功击毁靶船。在此基础上，2015 年 10 月，美国海军研究局与诺斯罗普·格鲁曼再签署“激光武器系统验证机”（LWSD）项目合同，研制 150kW 舰载激光武器演示样机。2020 年 5 月，美国海军公开了“波特兰”号两栖船坞运输舰（LPD-27）在太平洋某处使用 LWSD 成功击落无人机的视频。

与此同时，美国海军还在同步发展基于固态光纤激光器的舰载激光武器。2013 年 7 月 19 日，雷声公司在范堡罗航展上宣布，由其研制的“海军激光武器系统”（LaWS）在海面环境下成功击落 4 架无人机。LaWS 是在商业光纤激光器技术的基础上研发，于 2014 年被认证为美军部署的首部经过充分认可的（fully approved）激光武器系统。

LaWS 的功率并不算大，是 6 个 5kW 的商业光纤激光器并联而来，提供 30kW 级的激光输出。2018 年 1 月，美国海军和洛克希德·马丁公司签订了 1.5 亿美元的合同，开发具有集成情报监视侦察能力和光学系统眩目能力的高能激光器（HELIOS）。HELIOS 系统继续使用光纤激光器并联的成熟设计，但它的输出功率要高得多，据称输出激光功率在 60～150kW。根据合同，洛克希德·马丁公司将在 2020 财年内交付两套该机的测试系统。

具备致眩能力的低功率激光武器“海军光学致眩阻截系统”（ODIN）也在快速开发当中，该武器主要用于致盲来袭目标的光电和红外传感器，以满足舰队的紧急作战需求。据 2019 年末媒体公开的照片可见，美军“杜威”号驱逐舰舰桥前方、一般安装近防武器系统的位置，出现一个小型回转炮塔，推测是 ODIN 上舰进行试验。

2. 空军

美国空军研究实验室，基于固态激光技术，主导了“自卫高能激光演示”（SHiELD）项目，该项目旨在研发和演示以平台自卫为目的、以导弹或无人机等空中威胁目标为打击对象的战术喷气战斗机载型紧凑激光武器系统，项目周期为2015—2021财年。SHiELD相比ABL计划威力大大减弱，但足够对付脆弱的战术导弹。在助推段反导能力方面，美国导弹防御局2017年授出了“低功率激光武器验证器”（LPLD）项目，寻求通过携带高能激光武器的高空无人机来攻击并摧毁敌方助推段弹道导弹。SHiELD和LPLD也是目前美国机载激光武器的重点发展目标。

3. 陆军

美国陆军自20世纪90年代中期就联合以色列开展车载化学激光武器的研制。21世纪初，美国又相继开展了机动战术高能激光（MTHEL，诺斯多普•格鲁曼）、激光复仇者（Laser Avenger，波音）、区域反弹药防御系统（ADAM，洛克希德•马丁）等陆基激光防空武器的研究。

2017年，洛克希德•马丁公司的“雅典娜”（ATHENA）激光武器系统在白沙导弹靶场击落5架无人机，展示了车载陆基激光武器在反无人机领域的作用。

2018年，针对美国海军陆战队需求，波音公司开发出紧凑型激光武器系统原理样机，代号“利爪”（CLaWS），能够在数分钟内击落十余个中小型无人机目标。

除化学、固体激光器外，其他类型激光器也获得相应发展。美国海军研究实验室（ONR）开展自由电子激光器（FEL）的研发工作即是其中之一，其能够利用自由电子的受激辐射，将电子能量转换为激光。美国国防高级研究计划局负责的高能液体激光防空系统

（HELLADS），旨在对于采用高能液体激光器实施防空等作战任务的可能性进行研究。

四、反无人机非致命性武器系统

近年来，随着无人机在军事作战和反恐行动的广泛运用，已经构为对安全防卫的严峻威胁。无人机实战应用最多的还是“低慢小”装备。因此，对“低慢小”目标的打击给物理类非致命性武器发展带来了新的挑战与机遇。

（一）无人机的概念特征与威胁

1. “低慢小”目标的概念和内涵

“低慢小”目标是指低空、慢速、小目标。从防空雷达对空探测能力的角度界定，“低慢小”目标通常指翼展不大于2m、飞行速度小于30m/s、稳定飞行高度低于200m的航模和无人机（包括固定翼类、直升机类、多旋翼类等），以及小飞艇和气球等。

无人机可以提供一种低成本的手段来执行针对情报、监视与侦察任务。此外，许多较小的无人机由于尺寸、结构材料和飞行高度等因素而无法被传统防空系统探测到。“低慢小”无人机的特点包括：体积小、飞行高度低、机动性好、隐蔽性强，难以被探测和拦截；续航时间长、航程远，可以遥控或自主控制方式实施侦察和攻击等行动。

2. “低慢小”无人机的威胁

进入21世纪，“低慢小”无人机越来越多地被应用在军事战场和恐怖活动之中，无人机系统的快速发展和作战运用对应对这方面的威胁能力提出了挑战。

一是“低慢小”无人机在军事战场中的大量应用。纵观近年来的几场局部战争，小型无人侦察机、无人攻击机、察打一体空中无人作战装备等已经在伊拉克和阿富汗战场大量应用，战术应用效果明显。而面对“低慢小”装备的侦察、监视以及打击，缺少有效的打击拦截手段，基本上束手无策。

二是“低慢小”无人机是恐怖分子实施恐怖活动的常用工具。“低慢小”装备可携带拍摄设备，对要害地域进行侦察和监控；可携带爆炸物，对重要目标进行破坏或杀伤；可携带生化制剂，对目标区域实施非人道攻击；可携带干扰设备，对仪器设备实施干扰和破坏；可抛撒反动传单，制造混乱和紧张氛围等。近年来，美国、德国、西班牙、印度、哥伦比亚、埃及等国均有“低慢小”无人装备被应用到恐怖袭击活动中的相关报道。

3. 国外现有对付“低慢小”无人机的手段

国外主要利用防空武器威慑打击的方式对付空中“低慢小”目标。这种方式在城市环境条件下使用，容易误伤周围建筑物和人员，拦截后目标自由坠落，容易对地面人员和设备设施造成二次伤害。因此，不能从根本上解决“低慢小”目标构成的威胁。

在非致命技术应用方面，美、欧等国相继开展了以激光、微波定向能技术为主要方向的相关非致命性武器研制工作，主要有激光“复仇者”、微波定向能武器系统等，上述装备已进入试验阶段，并取得了一定的效果，但多数还未实现实战部署应用。

（二）美国国防部反无人机系统概况

反无人机系统可以采用多种方法检测恶意或未经授权的无人机的存在：一是使用光电、红外或声学传感器分别通过视觉、热或声音特征来检测目标；二是使用雷达系统，然而由于无人机的特征和大小有限，这种方法并不能够探测到小型无人机；三是识别通常使用射频传感器来控制无人机的无线信号。这些方法可以结合起来使用，提供更有效的分层检测功能。

在美国国防部非致命性武器联合计划及其2016—2025年科技战略规划中，虽然对反无人机系统描述得不多，但明确指出了无人驾驶系统在一系列军事行动中的大范围扩散，催生了以非致命打击手段来应对无人系统威胁的强烈需求，接下来就需要调查需求和技术状况，以确定非致命性武器联合计划在这一新兴重点领域研究解决方案及其作用范围。

近年来，美国国防部一直在加大反无人机系统（Counter-unmanned Aircraft Systems，C-UAS）方面的投资。2022 财年，美国国防部计划花费至少 6.36 亿美元用于反无人机系统的研究和开发，至少 7500 万美元用于 C-UAS 的采购，这比 2021 财年总体增加了 1.34 亿美元[①]。

打击、摧毁无人机。除了传统的防空系统，反无人机系统可以采用枪、网、定向能甚至是像鹰这样经训练的动物来完成。电子战干扰会中断无人机与其操作者的通信链路。干扰装置可以轻至 5～10 磅（2.27～4.54kg），因此可以是便携式的，如图 3-60 所示，也可以重至几百磅，安装在固定位置或车辆上。美国国防部正在开发和采购许多不同的 C-UAS 技术，试图确保强大的防御能力。

图 3-60　便携式反无人机技术

① https://sgp.fas.org/crs/weapons/IF11426.pdf

防御小型无人机已经成为美国国防部越来越重要的优先事项。美国国防部多个部门正在进行一些反无人机系统技术研究工作，如美国联合参谋部和美国国防部等多个机构参与的旨在评估与验证现有的、新兴的空中和导弹防御能力，以及 C-UAS 任务的具体概念，倡导进行预期 C-UAS 能力的“黑镖”演习。

美国一些基地已经投资对小型无人机的防御项目。而在过去的几年里，美国在海外的作战部队已经配备了无人机禁用系统，如 Dedrone 公司的 DroneDefender，一种用无线电波使无人机失效的肩射武器[①]。

此外，美国国防高级研究计划局资助了 C-UAS 的技术开发项目，如“CounterSwarmAI”，即“开发用于预测和击败未来自主系统的系统”，以及用于舰载点防御的“多方位防御快速拦截交战系统”。

2019 年 12 月，美国国防部精简了该部门的各种反小型无人机（C-sUAS）计划，并任命美国陆军为执行机构，负责监督美国国防部所有反小型无人机计划的开发工作。2020 年 1 月 6 日，美国国防部长批准了反小型无人机办公室（Joint C-sUAS Office，JCO）的实施计划。反小型 UAS 办公室与作战司令部和负责采购与保障的国防部副部长办公室协商，评估了 40 多个已经部署的 C-sUAS 系统。迄今为止，该办公室已经选择了 10 个 C-sUAS 防御系统和一个标准化指挥和控制系统进行进一步开发。同时，反小型 UAS 办公室制定了一份能力发展文件，概述了未来系统的操作要求，并于 2021 年 1 月发布了美国国防部反小型无人机战略。美国国防部计划在 2024 财年之前在俄克拉何马州的希尔堡建立一所 C-sUAS 联合学院，为

① https://www.military.com/daily-news/2021/06/21/air-forces-thor-microwave-weapon-instantly-ends-enemy-drone-attack-new-video.html

所有美国军种同步开展反无人机战术培训①。

（三）美国各军种发展的反无人机系统能力

1. 美国空军

美国空军正在测试高能微波和激光这两种形式的定向能用于C-UAS任务。2019年10月，美国空军交付了一架车载C-UAS原理样机——高能激光武器系统（High-Energy Laser Weapon System，HELWS），该系统将进行为期1年的海外实地测试。HELWS的目的是在几秒内识别和压制敌对或未经授权的无人机，当连接到发电机时，提供几乎无限次的射击。正如其2016年小型无人机飞行计划中所述，美国空军可能会额外寻求机载C-UAS选项，尽管这种工作的状况尚不清楚②。

美国空军研究实验室为空军基地防御而开发了一种反蜂群电磁武器，即战术高功率作战响应器（Tactical High Power Operational Responder，THOR），如图3-61所示。该响应器使用高功率微波来引起反电子效应，目标被识别后，这种武器在1ns内发射能量，影响是瞬间的。该响应器看起来像一个标准的Conex盒子，上面绑着一个卫星天线，安置在新墨西哥州的科特兰空军基地③。该响应器可对多个目标进行非动能性击溃，利用能量使无人机蜂群失效。美国空军研究实验室已经在一次实际测试中使用了THOR，摧毁了数百架无人机。

THOR是一个首创的系统，可以完全收纳在一个20英尺（6.1m）的运输容器中，可以很容易地用C-130运输机运输。该系统可在3h内完成设置，其用户界面的设计需要最少的用户培训。开发该技术

① https://sgp.fas.org/crs/weapons/IF11426.pdf
② https://sgp.fas.org/crs/weapons/IF11426.pdf
③ https://www.military.com/daily-news/2021/06/21/air-forces-thor-microwave-weapon-instantly-ends-enemy-drone-attack-new-video.html

的总成本约为 1500 万美元①。2021 年 2 月，美国陆军宣布将与空军在 THOR 方面进行合作②。

图 3-61　战术高功率作战响应器

2. 美国海军

2014 年，美国海军在 USSPonce（LPD-15）上部署了第一种也是迄今为止唯一一种作战定向能武器激光武器系统（Laser Weapon System，LaWS）。LaWS 是一台 30kW 的激光原理样机，能够执行 C-UAS 任务。2021 年，美国海军在 USSPreble（DDG-88）上部署 ODIN（一种干扰 UAS 传感器的光学眩晕器）和 HELIOS（一种 60kW 的激光），以免受无人机的攻击。此外，2019 年，美国海军宣布将与美国国防数字局合作，快速开发新的（网络支持的）C-UAS 产品，以应对不断发展的 UAS 威胁③。

3. 美国海军陆战队

美国海军陆战队通过其地面防空（Ground Based Air Defense，GBAD）计划办公室资助了许多反无人机系统。2019 年，美国海军陆战队完成了“海上防空综合系统”（Marine Air Defense Integrated

① https://afresearchlab.com/technology/directed-energy/successstories/counter-swarm-high-power-weapon/

② https://www.military.com/daily-news/2021/06/21/air-forces-thor-microwave-weapon-instantly-ends-enemy-drone-attack-new-video.html

③ https://sgp.fas.org/crs/weapons/IF11426.pdf

System，MADIS）的海外测试，采用干扰器和枪支，如图 3-62 所示。该系统可以安装在 MRZR 全地形车、联合轻型战车和其他平台上。

图 3-62　美国海军陆战队防控综合系统

2019 年 7 月，美国 USSBoxer（LHD-4）上的海军陆战队使用 MADIS 压制了一艘被认为在该舰“威胁范围”内的伊朗 UAS。作为 GBAD 的一部分，美国海军陆战队也在采购紧凑型激光武器系统（Compact Laser Weapons System，CLaWS），这是美国国防部批准的第一台陆基激光器。据报道，这种系统有 2kW、5kW 和 10kW 的变体，也在美国陆军中使用。尽管海军陆战队已经试验了便携式 C-UAS 技术，但现任海军陆战队司令 David Berger 在 2019 年美国国会作证词时表示，由于重量和功率的要求，这些系统并没有成功[①]。

4. 美国陆军

2016 年 7 月，美国陆军公布了一项反无人机系统战略，这是迄今为止唯一公开的相关文件。2017 年 4 月，美国陆军技术出版物《反飞机系统技术》概述了“作战期间防御低、慢、小无人空中威胁的规划考虑因素”，以及“如何规划 C-UAS 士兵的任务，并将其纳入

① https://sgp.fas.org/crs/weapons/IF11426.pdf

部队训练活动”。反无人机系统也是美国陆军作战能力发展司令部六层防空和导弹防御概念的一部分，包括：①弹道式、低空无人机交战（BLADE）；②多任务高能激光（MMHEL）；③下一代火力雷达；④机动防空技术（MADT）；⑤高能激光战术车辆演示器（HEL-TVD）；⑥低成本增程防空（LOWER AD）。虽然这些系统仍在开发中，但美国陆军已经部署了一些便携式、车载和机载反无人机系统。此外，像美国海军一样，美国陆军与美国国防数字局合作开发计算机支持的反无人机系统产品[①]。

（四）其他反无人机系统

1. DroneDefender 反无人机系统[②]

Dedrone 公司开发的 DroneDefender 是一种便携式打击系统，已作为反无人机的手持解决方案被采用，而不危及周围的安全或有附带损害的风险。DroneDefender 适合任何需要保护实物资产、人员和信息不受小型无人机攻击。DroneDefender 会阻塞无人机操作的最常见频率，包括 GNSS 频谱，并有效地对抗多种 COTS UAS。美国国防部已采购 500 多套，美国其他政府机构采购 90 多套。

2. 雷声公司的反无人机系统

雷声技术公司开发的 Windshear 的反无人机系统，是一个指挥、控制和通信系统，允许快速、即插即用地使用多个传感器以及动能和非动能效应，帮助作战人员在正确的时间快速部署应对无人机威胁[③]。Windshear 可以用无线电频率、雷达、声学传感器、电子光学和红外相机或人类地面观测员来追踪无人机。雷声技术公司已经测试了几种探测器，包括 Skyler 低功率雷达，基于射频的 MESMER 和多路探测的 Black Sage UASX。后两者可用于击败无人机，也可

① https://sgp.fas.org/crs/weapons/IF11426.pdf
② https://www.dedrone.com/products/mitigation
③ https://www.raytheonmissilesanddefense.com/news/feature/bad-drone

用于寻找和跟踪无人机。例如，MESMER 操纵无线电频率来控制攻击的无人机，在需要非动能效应的时候是有效的。Black Sage UASX 是一个结合了传感器、摄像机、效应器和软件的系统。

2021 年 10 月，雷声技术公司旗下的雷声导弹与防御公司在与美国陆军综合火力和快速能力办公室合作进行的为期 10 天的测试期间成功展示了几种反无人机系统的能力。这些测试使用了 Coyote® 拦截器的变种，以及 KuRFS 精确瞄准雷达和 Ku-720 移动传感雷达，以探测和击败所有大小不一、范围各异的无人机群，如图 3-63 所示[①]。雷声公司的 Ku 波段无线电频率系统是一种 360° 的雷达，可以感应到来袭的无人机、火箭弹、火炮和迫击炮。它可以提示防御性武器，可以在 30min 内安装完毕，在固定地点或车辆上安装[②]。

图 3-63　装备有 Ku-720 雷达和“苍狼”效应器的移动式低速小型无人机综合打击系统

雷声公司的 Phaser 高功率微波系统使用定向能量，以光速击落无人机（单机或蜂群），如图 3-64 所示。操作人员将一束宽阔的弧形能量束集中在无人机上，发出短促的高功率电磁波，破坏其电子

① https://www.raytheonmissilesanddefense.com/news/advisories/raytheon-missiles-defense-proves-counter-uas-effectiveness-against-enemy-drones?grid-cta=

② https://www.raytheonmissilesanddefense.com/capabilities/products/kurfs

设备，同时将其从空中击落。

图 3-64　Phaser 高功率微波系统

该系统被安置在一个 20 英尺（6.1m）的掩体中，现在已在海外进行实地测试。美国空军研究实验室已经开发了另外两个不同的高功率微波非致命性武器作为解决方案，其中战术高功率微波作战响应器（Tactical High Power Microwave Operational Responder，THOR）被安放在一个 20 英尺（6.1m）的掩体中，有一个大天线；反电子高功率微波延伸范围空军基地防空系统（Counter-Electronic High-Power Microwave Extended-Range Air Base Air Defense，CHIMERA）在 2020—2021 年进行评估。这两种系统尽管范围有限，但都可以发射光束，并对攻击无人机蜂群起到良好效果，还不容易造成附带损害。

2019 年，美国空军花费 1628 万美元购买了一套 PHASER 高功率微波原理样机系统，用于在美国境外某个地点进行以实验为目的的实地评估，该测试在 2020 年 12 月 20 日之前完成，标志着“针对真实世界或模拟敌方场景”系统的海外部署即将开始[①]。

在 2020 年的一次演习中，美国空军人员使用雷声技术公司制造的微波系统和高能激光器击落了几十架小型无人机，如图 3-65 所

① https://www.popularmechanics.com/military/weapons/a29198555/phaser-weapon-air-force/

示。目标无人机既有单独飞行的，也有成群结队的。这种高能激光系统系统与雷声技术公司的多光谱瞄准系统的传感器相搭配，使用不可见的光束。该系统安装在一个小型全地形军事化车辆上，可探测、识别、跟踪和对付无人机①。

图 3-65　雷声技术公司制造的移动式高能激光系统

此外，还有美国海军陆战队装备的轻型海军防空综合系统（Light-Marine Air Defense Integrated System，L-MADIS），该系统安装在一辆紧凑的 MRZR 越野车上，车上载有 4 个 RADA RPS-42 半球雷达、1 个洛克希德·马丁公司的 EO/IR 传感器和内华达山脉 MODI EW 系统。除了其远程机动作用外，L-MADIS 通常停在两栖舰艇的飞行甲板上，在关键区域过境时提供保护，防止无人机系统威胁。2019 年 7 月，L-MADIS 在一架伊朗无人机以“不安全的距离”（据说不到 1000m）接近正在穿越霍尔木兹海峡的 USS BOXER 号时将其击落。

五、国外物理类非致命性武器发展方向重点

未来全球不安全因素不断增加，叛乱恐怖分子、武装集团、外

① https://www.raytheonmissilesanddefense.com/news/feature/defense-speed-light

国干涉及混合威胁交织在一起，大国竞争已经成为中心舞台。不可避免的为非致命性武器的发展带来新的机遇。发展非致命性武器技术，并加强对其使用效果、附带损伤和评估准则的研究，成为多个国家共同的工作。特别是近年来，前所未有的全球动荡、社会抗议增多，越来越多的执法机构正在使用非致命性武器来控制公共集会、骚乱暴乱，使得非致命武器无论在品种数量上还是在地域范围，都比以往任何时候使用的更为广泛。

（一）非致命性武器技术发展走向

1. 非致命性武器使用范围在扩展

国际公认，非致命性武器可在国内执法行动中使用，并为有效安全使用该类武器开展了系列研究。2019 年 8 月，联合国发布“使用非致命性武器执法中保障人权的指导”，旨在指导合法设计、生产、转让、采购、测试、培训、部署和使用非致命性武器及相关设备，以降低执法中因不当使用而对公众包括犯罪嫌疑人造成伤害的风险。

在国际性武装冲突中，占领方有责任保护被占领土的公共秩序，尤其在近年来出现的“灰色地带”作战范畴中，联合部队的任务涵盖了从维持和平、灾难响应、人道主义援助到大型战斗活动的全球军事行动，为了有效控制地区治安，增加了非致命性武器使用的可能性。

2020 年，美国非致命性武器联合理事会希望在国防部推动发展战争先进杀伤武器的情况下，重新讨论非致命性武器问题，以弥补与其他国家在“灰色地带”领域作战能力的差距，旨在武装冲突中（亦称灰色地带，混合战争，或不规则战争）使用致命性火力之外的武力阻止对手使用复杂的、渐进的侵略，同时减少对非战斗人员的致命危险和永久性伤害，适用于从人道主义、和平行动到战斗行动的各种冲突情况。由国防部非致命性武器计划（DoD NLW）支持的非致命性武器，包括高功率微波系统、“主动拒止”毫米波（mmW）系统、炫目激光和其他定向能量（DE），已经为武装部队提供了“中间打击能力”（IFC），弥合了“无所作为”与“致命伤害”之间的鸿沟，为指挥官在使用致命武力之前提供了更多的决策时间和空间。

2020 年，美国国防部撤销了非致命性武器联合理事会，非致命发展计划执行理事由海军陆战队司令担任，重新组建了“联合中间打击能力办公室”（JIFCO）及“联合非致命性武器产品综合组”，后者负责审查并建议、核准国防部的非致命性武器预算，以确保各部门之间不发生重复工作。“中间打击能力”旨在勿需实施破坏或杀伤之时提供具有可辨别和可逆影响的手段，从而避免引发敌对行动升级或延长。这是美国联合非致命性武器发展计划历史的里程碑，标志着国防部将其称为“中间打击能力”的重要装备和相关工具纳入主流。

美国军方通过一个联合计划与作战指挥官和执行人员合作，以确定对非致命性武器的需求，并协调其开发规划、方案编制，资助非致命性武器研究、开发和获取。在国防部非致命性武器开发计划中，“联合中间打击能力办公室”为科学和技术、研究和开发以及非致命性武器的测试与评估提供资金。

2. 非致命性武器研发和制造范围在扩大

无论用于执法还是军事领域，国外对各类非致命性武器技术的研发计划从未停止。

美国国防部非致命性武器计划发布“2020 年中间打击能力规划指南”，提出将通过规划和配备武装联合部队“中间打击能力”以扩大作战范围，并将“联合部队中间打击能力”作为提高国家安全的目标策略。重点项目包括：通过增加综合声光设备升级遥控武器站的警告能力（EoF CROWNS），工作距离 40～500m 的 LA-9P 高度定向光学眩目器，海岸警卫队配用的动态环境中制止船只前进的定向失能系统研究计划（VIPER），预设式可远程操作并锁定数百个目标阻塞汽车发动机的高功率电脉冲发生器（PEVS），采用更小、更轻、更低功率且可替代的低温冷却技术的主动拒止系统（SS-ADT）。

2020 年 7 月，五角大楼的研究人员发布“多目标 HEMI 系统”非致命性拒止研究计划，由五角大楼联合中间部队能力办公室开发，该武器用于使房间中的每个人暂时处于失能状态，并具有类似 TASER 的电晕效果，可逆地使个人失去能力或无法在开放和受限的空间中行动，从而使部队更安全地清除建筑物并减少平民伤亡。

《联合国特定常规武器公约》会议披露，在世界范围内，研发国内执法用机器人的行业正在扩大，可能应用情景包括人群控制。

美国、英国、约旦、以色列、西班牙和其他地区正在开发非致命攻击机器人，包括无人驾驶飞行器和地面飞行器，可远程操作或触摸时自动开火，发射电击飞镖、催泪瓦斯和其他致命性较低的射弹。在过去几十年里，开发了大量远程非致命弹药，可从现有或特别设计的平台上运载，如陆地车辆或海军舰艇，遥控或安装在无人驾驶的陆地、水面、水下或飞行器上，包括动能射弹、防暴剂、烟雾、声音、闪光弹、电击弹等，通过远程发射实施防暴和区域拒止，或与致命性弹药通用平台。

过去，大多数非致命性武器的设计生产公司属于 Wassenaar Arrangement（WA）成员国，该组织由 42 个国家组成，旨在规范贸易和防止某些技术扩散，WA 控制清单包括眩晕手榴弹和常见类型的防暴剂，但没有涵盖某些广泛使用的 OC、胡椒喷雾剂或 PAVA 类合成物。同样，目前 WA 清单没有涵盖电击武器和许多较新类型的低致命系统，如光学眩目器、声学干扰装置或定向能量武器。在过去 10 年中，研发非致命性武器和弹药的国家迅速增加，如德国 NEWCO 安全技术公司（NST）与两家阿联酋公司 MP3International 和 Caracal Light 弹药合作建立的 Caracal 烟火公司（后更名为 Advanced PyTechnics LLC），生产一系列烟火和包括眩晕手榴弹在内的低致命弹药，以及系列 40mm 炮弹，包括路障穿透器、闪光弹、彩色烟雾、CS、OC、橡胶棒和多橡胶球，向区域和全球市场制造和销售烟火弹药和非致命弹药。

3. 对非致命性武器效应评估和使用规则的研究在深入

对于非致命性武器使人员或物质失能效应，及其可能造成的伤害的研究不断深入，任何新的非致命性武器开发过程部分是从系统的有效性和风险的角度来描述目标人体效应。

美国国防部 2016 年发布的 3200.19 指令强调非致命性武器人员效应，这一进程确保发展和部署非致命性武器能力满足作战人员的升级需求，并加强人们对该类武器效力的信心及风险的理解。对人员影响效应的知识可支持指挥官熟悉非致命性武器的战术、使用技能、程序及训练。2018 年 11 月至 2019 年，联合非致命性武器计划的成员在弗吉尼亚州兰利-尤斯蒂斯联合基地进行了各种非致命弹药的示范，向高级军官展示了可用的非致命性武器选项，这是联合部队参谋学院课程的一部分，训练中强调这些弹药的安全性是关键，以及了解最小目标射程的重要性，避免因使用不当造成非常严重的伤害或杀伤。

2020 年 2 月，美国土安全部发布“非致命技术关注小组报告”，通过系统评估和应急反应评估程序，国家城市安全实验室（NUSTL）对非致命性武器经评估。评估的 7 个成员分别来自在警务、特别战术行动、应急服务和刑事调查方面等具有专业知识的各个领域。

此次评估归纳总结出非致命性武器发展的评估准则：经济性、能力、可布署性、可维护性和可用性共 5 类，定义了 5 个权重等级，并据此对几类非致命性武器进行评估，重点在 12 口径枪弹、37mm 发射器弹药及 40mm 发射器弹药，通过对 20 多项评价准则的分析，确认“能力”是最重要的指标，其次是可用性、可布署性及可维修性。

“能力”评估准则包括有效射程、射击精度、撞击动能、装填物、射速 5 项；“可用性”评价准则包括可靠性、安全机制、增加备附能力、易操作性、与其他防护用具兼容性、携行性、隐蔽性、重量及训练系统；“可维修性”包括耐用性、配用弹药，储存寿命、易清洁性及环境适应性；“经济性”包括购买价格和保修费用。

根据以上准则，对几种重点关注的产品进行了评估。美国国土安全部（DHS）建立了非致命性武器应急响应者系统评估和验证方案，以协助应急响应者做出采购决定。

（二）重点领域

基于上述物理类非致命性武器技术发展与应用研究，评估认为未来物理类非致命性武器的发展主要集中在以下 4 个领域。

1. 第一个领域：传统的执法平暴

诸如催泪瓦斯、胡椒喷雾器、警棍、盾牌、钝性冲击弹药和传导能量武器等执法用的非致命性武器，涉及警察、国土安全和负责稳定、安全和救灾行动的军事单位，以及公共安全部门。它属于非致命性武器的传统应用领域，虽然这些非致命性武器解决方案中的绝大多数都没有显示出太多高新技术，但丝毫没有影响非致命性武器在这一领域的作用，依然占有主要份额。

未来，钝性冲击弹药，如橡皮子弹，在准确性和安全性方面会有一些改进。电击武器（泰瑟枪）仍是反人员类非致命性武器中最先进、最可靠的代表，可实现完全和基本的瞬间失能效果。

非致命性武器在海上巡逻中将被广泛使用，包括声学警告装置、光学警告/激光炫目器、螺旋桨纠缠器，以及用于登船行动的各种执法和防暴装备。

2. 第二个领域："中间打击能力"应用于军事作战

"中间打击能力"是在所谓的"灰色地带"对抗中非常重要的特征能力。在这种对抗中，由于行动含糊不清，缺乏明确的归属，或者由于敌对活动不足以证明武装响应的合理性，紧张局势升级，但没有跨越战争门槛。"中间打击能力"可以在各种情况下支持传统手段，特别是当敌方战斗人员与平民混杂在一起时，或在城市行动中。区分战斗人员和平民对于维持秩序、拯救生命和避免附带损害、任务失败或公众信誉的丧失是至关重要的。

"中间打击能力"的主要方案是包括采用紧凑型固态主动拒止技术，固态主动拒止技术将在几十米处击退敌人或可疑的人，对其造成难以忍受的疼痛，但在离开光束后立即消失，没有任何永久性后果。经过多年的开发，已于 2021 年年中在现有的战斗车辆基础上完成改装。另一个例子是计划在 2023 年期间进行演示的武力升级通用遥控武器站，将所有元素都集成在一个系统中，并以套件的形式提供，易于运输、安装和卸载。

一些最常见的传统非致命性武器也可以在"灰色地带"的情况下或保障作战行动中发挥作用。闪光手榴弹、声音警告设备和激光炫目可以在不危及生命的情况下传达明确无误的信息，控制局势升级。

3. 第三个领域：区域拒止

部署非致命区域拒止装备能够阻止侵略，并使军事人员在模棱两可的情况下延长决策时间，涉及检查站、车队，以及制裁/禁运行动。以光学或声学方式发出的明确警告也是一个有效的解决方案，而且风险也最小，但有时没有效果。

定向能武器（DEW）是区域拒止中最有前途的解决方案。典型的定向能武器包括电磁脉冲、高功率微波或高能激光，都显示出蓬勃生机。与常规武器相比，定向能武器具有隐蔽性、无声性和可调整性等关键优势。当定向能武器用于反人员时，定向电波会造成各种生物效应。使用微波会造成呼吸困难、恶心、疼痛、眩晕和全身不适。使用光和重复的视觉信号可以诱发癫痫发作，激起自我运动的错觉和晕动病的发生。定向能武器被集成到主动拒止系统中，用于区域拒止、周边安全和人群控制。当定向能武器用来对付武器系统、设施、船舶、车辆和设备时，其可能性似乎是无限的。

尽管在有些文件中，高能激光武器不包括在通常的非致命性武器方案中，但由于其良好的精确性和破坏关键部件的能力，可以作为一种非致命性的解决方案投入作战，而不一定非要摧毁目标或杀人。隐蔽性、无声性和可调整性也是其关键优势。

电磁脉冲或高功率微波装置可以干扰电子电路的正常运行。一个典型的应用是在检查站或车队中可靠、有效和安全地使车辆或船只的引擎熄火。

美国目前有两种陆基无线频率车辆拦截器的原理样机，一种是独立的装置，射程为 50m，安装在卡车上；另一种是用于部队保护的更大版本，静态射程 100m，包括一个带有 2.4m 天线的拖车和一个独立的发电机。美国海岸警卫队的船只失能功率效应辐射（Vessel Incapacitating Power Effect Radiation，VIPER）系统计划在 2024 年之前进行评估，能够在 30～50m 处拦截船只。

4. 第四个领域：反无人机

非致命性武器作为反无人机的解决方案越来越多地投入研究和使用，是未来非致命性武器技术发展的前沿与方向。

实践证明，非致命性武器能够在 200～300m 处，为阻止拦截小型无人机提供解决方案。因为在复杂冲突中，附带损害和恐慌引发的危害可能比实际攻击更为严重，对机场、关键地下和公共事件的保护显然要依赖非致命性武器。一个小型无人机并不是一个容易瞄准的目标，范围和有效性是有限的，并且强烈依赖于操作人员的熟练程度，这在演习和实际操作中得到了多次证明。反无人机解决方案的操作方面包括上行和下行链路控制信号的干扰、视频链路和位置信号的干扰/欺骗。

最近的一项国际市场调查显示，216 台电子干扰/欺骗无人机的解决方案正在热销，另外，还售出了 104 台手动便携式干扰设备。这些数字还在不断增长，因为射频干扰器相对容易设计和构建。调查还显示，还有 22 个“专用”反无人机激光闪光器，10 个高能激光干扰器和 9 个电磁脉冲干扰器，35 个网/纠缠器和 5 个动能（钝性冲击）打击武器也售卖了。

随着全球需求促使越来越多的供应商进入竞争，数量再次不断变化。北约启动了国防反恐（非致命能力）工作计划，包括盟军转型司令部、8 个北约国家以及瑞士和瑞典的参与。2018 年 12 月举行了第一次演习 NNTEX-18C，下一次演习 NNTEX-21C 将侧重于在包括城市地区、机场、公共活动和面对不同类型的威胁（包括无人机蜂群攻击）的复杂情况下使用非致命系统和附带损害概率低的系统。

尽管使用非致命性武器也可能干扰如移动电话、WiFi 和 GPS 导航仪等合法的无线频率，给日常活动带来影响，特别是在机场附近，但干扰和欺骗依然是扰乱无人机正常运行的最简单的方法，而且对人类来说是安全的。

例如，IXI Tech 公司的 DRONEKILLER，尽管外形像步枪，但其实是一个软件定义的无线电，能够干扰 5 个不同的频段，可以通过软件更新轻松适应未来的要求。该设备还可以作为传感器工作，在探测到信号时通知操作人员，区分由无人机或控制站发出的信号。锂离子电池使其在传感器模式下可以工作 8h，在干扰器模式下可以工作 2h，如果由外部电源供电，则可以连续工作。澳大利亚制造的 DroneGun Tactical 已被欧盟警察部队选中，预计将在一系列欧盟警察单位推广。法国军队、中东和南美国家的相关部门以及澳大利亚和英国的警察部队也采用了该武器。

综上所述，未来非致命性武器已不仅仅作为一种“力量倍增器”，常规致命打击能力的必要补充，为指挥官提供更多的解决问题方案，更是在战略、战役、战术各个层面全方位地为决战、决胜提供了一种全新的“中间打击能力”，成为一种能够最终解决问题的全新手段。

新兴的安全威胁、新兴的作战样式与新兴的科学技术为物理类非致命性武器发展提供了多种可能。今后 20 年，物理类非致命性武器技术将集中在定向能领域，重点研发激光、微波、电磁脉冲武器，以及多功能侦打一体武器系统，并在精度、高度、射程、效能、可靠性等方面进一步完善和提升。

第四章　化学类非致命性武器

第一节　化学类非致命性武器的概念与分类

一、化学类非致命性武器的概念

一直以来，化学非致命性武器的界限不是泾渭分明，本书拟采用一般共识称谓进行分类研究。对于“失能剂”和“防暴（刺激）剂”的称谓则是由其作用功能确定的。其中，化学失能剂是指能够造成人员暂时失去正常精神或躯体功能，以致丧失战斗能力的毒剂。防暴剂也称为刺激剂，是用于刺激眼、鼻、喉及皮肤等感觉神经末梢的化学物质。

与物理类非致命性武器概念类似，化学类非致命性武器是指采用化学类物质或基于化学技术原理而研发的一种非致命性武器。

在非致命性武器成员中，化学类非致命性武器占有很大比例。与非致命性武器的分类相似，根据作用对象可以将化学类非致命性武器分为 3 类：反人员化学类非致命性武器、反装备化学类非致命性武器和反设施化学类非致命性武器，如图 4-1 所示。

二、化学类非致命性武器的分类

反人员化学类非致命性武器又可以根据作用机理不同分为化学失能剂及发射装置（或称为失能武器）、防暴剂及发射装置（或称为防暴武器）

和控制人体行动不能剂（胶黏剂）。而反装备类化学类非致命性武器和反设施类化学类非致命性武器因其种类尚少，目前暂不做进一步分类。

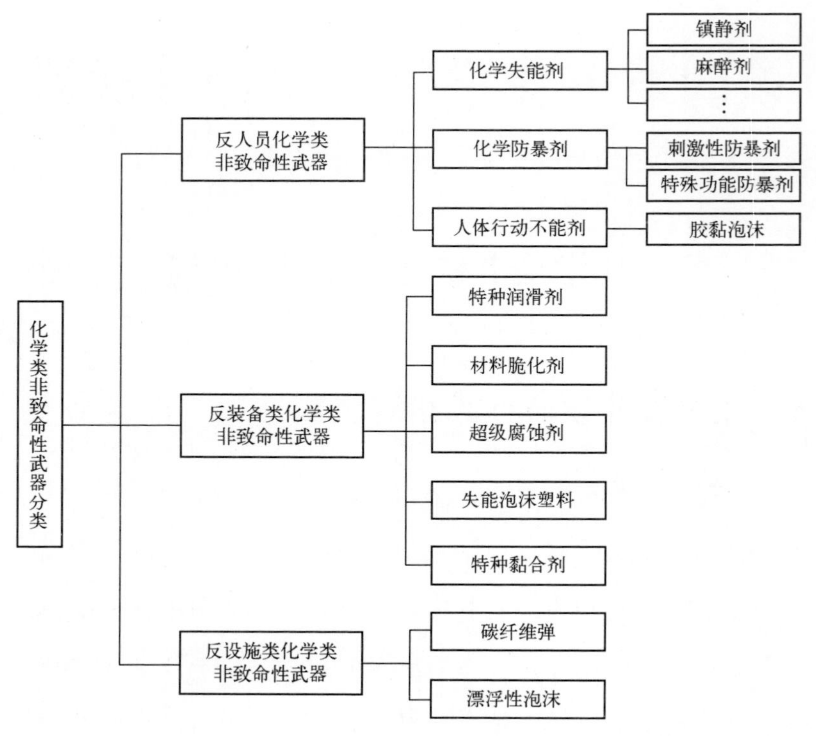

图 4-1　化学类非致命性武器分类

（一）反人员

目前，国内外对化学类非致命性武器的具体种类尚无统一认识，这里仅将文献论述较多的项目进行归纳分类研究。

反人员化学类非致命性武器，是指借助武器平台通过各种化学物质或采用化学机理来影响人员各种能力，可使敌方在不危害生命的情况下战斗减员，给敌方造成沉重的伤员负担，体现为打击对象的心理和生理，如暂时迷茫、人群控制或驱散、使人员镇静或眩晕、削弱感官能力。

1. 化学失能剂（ICA）

化学失能剂，能够造成人员的精神障碍、身体功能失调而使其丧失战斗能力。失能剂大致可分为精神失能剂和躯体失能剂两类，可包括镇静剂、发笑剂、致幻剂等，它能迅速渗透皮肤，使人员中毒而失能。

1951 年美国合成了毕兹（BZ），如图 4-2 所示，并于 20 世纪 60 年代初装备美军部队，目前已被淘汰。据报道，美国研究的新型候选失能剂有 EA3834、EA3580、EA5302 等[①]，如图 4-3、图 4-4 所示。这些失能剂与毕兹相比具有以下优点：失能强度大于毕兹，半失能剂量 ICt50（对人）为 73mg •min/m^3（毕兹为 112mg •min/m^3）；与添加剂配伍使用，可增强双途径中毒作用的效果；合成方法简单等。此外，国外还研究了强效镇痛剂与皮肤助渗剂二甲亚砜合用，能迅速渗透皮肤，使人员中毒而失能。

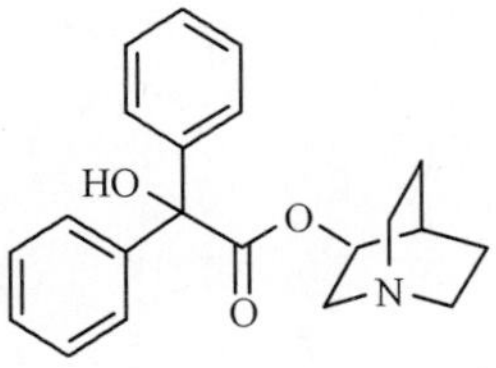

图 4-2 毕兹（BZ）结构[②] 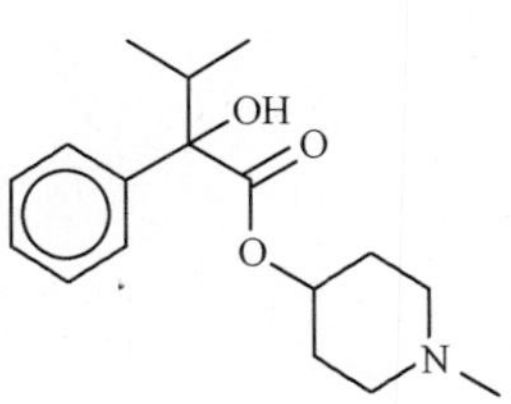 图 4-3 EA3834 结构[③] 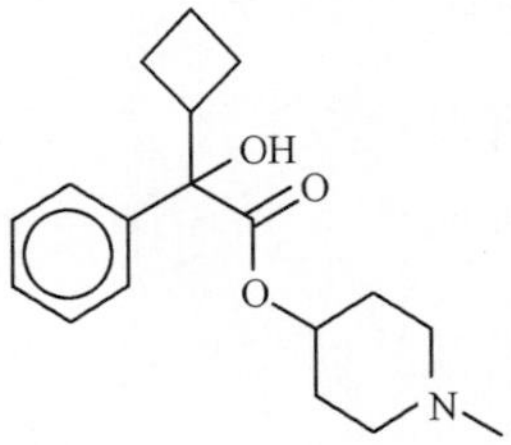 图 4-4 EA3580 结构[④]

2002 年 10 月 23 日，俄罗斯的莫斯科歌剧院发生人质挟持事件，历经了 58h 惊心动魄的僵持，俄罗斯安全部队首次使用了一种“芬太尼”的衍生物，其结构如图 4-5 所示，

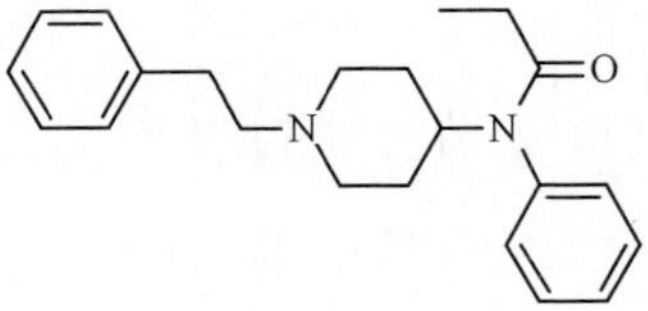

图 4-5 芬太尼结构[⑤]

① https://everything.explained.today/Edgewood_Arsenal_human_experiments/
② https://en.wikipedia.org/wiki/3-Quinuclidinyl_benzilate
③ https://en.wikipedia.org/wiki/EA-3834
④ https://en.wikipedia.org/wiki/EA-3580
⑤ https://en.wikipedia.org/wiki/Fentanyl

释放催眠气体成功地解救了车臣恐怖分子劫持的 700 多名人质[①]。

随后，国际禁化组织（OPCW）在事件发生的 6 个月后举行了第一届《公约》审议大会，但《公约》成员国并没能在此次会议上就公约的规范要求，讨论出失能剂的存在状态和管理等问题的解决方案。甚至到目前为止，OPCW 的决策机构也没能给出失能剂的任何解释性说明和严格定义，也未制定包含这类化学品的列表，或作出在公约下如何管理这类化学品的详细论述。因此，每个成员国只能自己去阐释失能剂的所属范围及制定相应的管理方式，这必将会出现诸多不统一的标准，存在打破公约行为的风险。

自莫斯科人质事件发生以后，很多成员国对失能剂展开了相关的研究工作。在很多经科学家们努力合成和筛选出的医药品中，一部分能够与人体中枢神经系统或其他生理系统发生相互作用，因此具有一定的失能效果。由于这类药品的“设计标准”是致命和失能剂量之间的差值要宽于传统的化学战剂（CW），将有可能作为一类新型的“非致命”试剂使用。更有报道称，一些成员国正致力于执法的非致命性武器的研究，这些新研制的“非致命”武器也很可能用于城市作战。

《公约》在其第 2.7 条中将 ICA 定义为：未列于附表 1 中、可在人体内迅速产生感觉刺激或失能生理效应而此种刺激或效应在停止接触后不久即消失的任何化学品。同时在第 2.2 条中将有毒化学品定义为：通过其对生命过程的化学作用而能够对人类或动物造成死亡、暂时失能或永久伤害的任何化学品[②]。

从中不难发现，RCA 和有毒化学品中均包含失能部分的定义。但迄今为止，对于现存的失能剂而言，《公约》并没有给出一个令世人广泛认可的准确定义。现阶段可能用于武器化的候选失能剂包括

① https://en.wikipedia.org/wiki/Moscow_theater_hostage_crisis
② https://www.opcw.org/chemical-weapons-convention/articles/article-ii-definitions-and-criteria

某些医药化学品、特异性农药和毒素，这三类化学物质均涵盖在《公约》中。此外，生物调节剂和毒素也在《生物和毒素武器公约》（BTWC）的范围内，如表 4-1 所列。

表 4-1　化学生物威胁谱

经典的化学武器	工业的医药化学品	生物调节肽	毒素	基因修饰的生物武器	传统生物武器
氰化物 光气 芥子气 神经毒剂	芬太尼 卡芬太尼 瑞芬太尼 埃托啡 右旋美托咪啶 咪达唑仑	物质 P 神经激肽 A	蛤蚌毒素 蓖麻毒素 肉毒毒素	修饰/特制的细菌、病毒	细菌 病毒 立克次氏体 炭疽 鼠疫 土拉菌病
		←生物和毒素武器			→
←化学武器			→	←感染	→

公约中虽然没有明确失能剂的定义，但一些国家、组织、非政府法学学者及军备控制专家对其已经有过一定的描述。

北大西洋公约组织（NATO）将失能剂定义为：一种可以在物理或精神上制造出暂时失能效应的化学药剂，结束暴露后其作用效果可以持续数小时或数天。这种因失能剂导致的失能效应无需采用医疗手段，但适当的医护处理可以加快患者的恢复[①]。有些国外专家认为，失能剂是一种在特定生物化学过程和生理系统，特别是在一些影响高级调节活动的中枢神经系统中发生化学作用的化学品，其作用效果是产生一个失能状态，如迷向、语无伦次、幻觉、镇静、丧失意识等[②]，浓度较高时会导致身陷失能剂中的人员死亡。

① https://www.icrc.org/en/doc/assets/files/2013/p4121.pdf
② https://www.files.ethz.ch/isn/185586/Down%20the%20Slippery%20Slope%20Final%20LQ.pdf

2. 防暴剂（RCA）

防暴剂，也称为控暴剂或刺激剂，是指以刺激眼、鼻、喉和皮肤为特征的一类非致命性的暂时失能性药剂，一般情况下在野外使用，人员短时间暴露就会出现不适或者中毒症状，脱离接触后几分钟或几小时症状会自动消失，不需要特殊治疗，无后遗症。但是，如果在密闭空间且大量使用的情况下，有可能造成对人员的永久性伤害，甚至致命。

防暴剂是指《公约》未列于附表 1 中、可在人体内迅速产生感觉刺激或失能生理效应而此种刺激或效应在停止接触后不久即消失的任何化学品①。也可称为控暴剂或刺激剂，是一类以刺激眼、鼻、喉和皮肤为特征的非致命性的暂时失能性药剂，一般情况下在野外使用，人员短时间暴露就会出现不适或者中毒症状，脱离接触后几分钟或几小时症状会自动消失，不需要特殊治疗，无后遗症。但是，如果在密闭空间且大量使用的情况下，有可能造成对人员的永久性伤害，甚至致命，主要代表有苯氯乙酮（CN）、西埃斯（CS）、西阿尔（CR）、辣椒素（OC），以及亚当氏剂（DM）。

按其作用方式（分散方式）不同，刺激性防暴剂可大致分为爆炸型混合刺激剂、燃烧型混合刺激剂、非燃非爆型混合刺激剂等三种。按其使用状态不同，刺激性防暴剂可分为液体刺激剂（液体混合刺激剂）和固体刺激剂（固体混合刺激剂）两种；按其刺激部位不同，刺激性防暴剂可分为催泪剂（CN、CR）和喷嚏剂（DM）。

近年来，关于防暴剂的研发使用及法律道德等方面争论很多，特别是涉及《禁止化学武器公约》的相关条款规定，有待于国际社会统一认识、制定规范。根据公约组织年度工作报告所披露的各国使用刺激剂的情况，可以看出，OC 和 CR 的使用量和国家在逐年增多，最早使用的 CN 有减少的趋势，CS 持续保留使用，其他防暴剂

① https://www.opcw.org/chemical-weapons-convention/articles/article-ii-definitions-and-criteria

的种类未宣布，但一直保持一定的数量。有单一的，也有复合的，无奇不有。随着高新技术在武器上的不断应用，防暴剂将趋于多样化、多效化、系列化、无毒化方向发展；而防暴装备的重点将向系统化、组合化、电子化、智能化、模拟化等方向发展。

（1）辣椒素刺激剂。辣椒素刺激剂出现于20世纪70年代末期，它的主要成分是高效、无色的晶体酚类化合物——辣椒素，是由辣椒胎座上的腺体产生的，故称为“绿色”（或“天然”）刺激剂，其结构如图4-6所示。OC刺激剂能引起呼吸道肿胀，以致胸闷、咳嗽、窒息、气喘，有时还会产生恶心、视力严重受限，皮肤有灼烧感，但其副作用小，无需特殊处理症状会自然消失。20世纪90年代初开始装备美国警察，并在民间得到普遍应用。瑞典、日本、英国、法国等国也相继研究应用，出现了品种众多的OC辣椒素喷射器。

（2）西阿尔刺激剂。1962年由英国人R.希金博特姆和H.萨希兹基首先合成成功。1973年，英、美装备部队。CR刺激剂纯品为淡黄色，无嗅味的粉末，性质稳定，不易水解，在水中具有刺激作用，可用于水源染毒，其结构如图4-7所示。CR使用状态有固体和液态两种，可用爆炸法、热分散法以及与有机溶剂混合成溶液布洒等多种方法使用。它是一种高效的穿透性刺激剂，刺激作用比CS刺激剂强，使用时受气象影响较小，毒性低，稳定性好，是美军近年来装备的新型刺激剂。

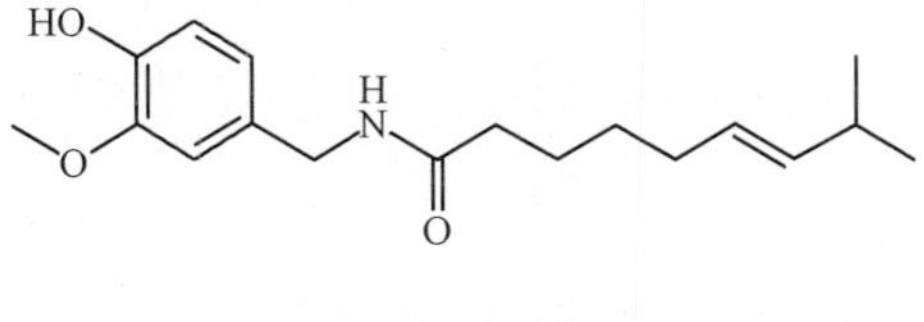

HO
H
N
O
O

图4-6　辣椒素结构[①]

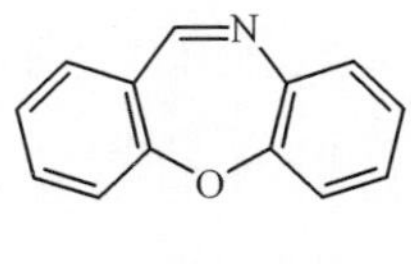

N
O

图4-7　西阿尔结构[②]

① https://www.sciencedirect.com/topics/pharmacology-toxicology-and-pharmaceutical-science/capsicum-oleoresin
② https://en.wikipedia.org/wiki/CR_gas

（3）西埃斯刺激剂。CS 自 20 世纪 60 年代美英分别于越南和塞浦路斯使用之后，一跃成为世界上最重要的防暴剂，一直沿用至今，如图 4-8、图 4-9 所示。其集 CN 和 DM 的优点于一身，既有强烈的催泪作用，又有强烈的喷嚏作用，且刺激性强、作用迅速、热稳定性好、安全比大。

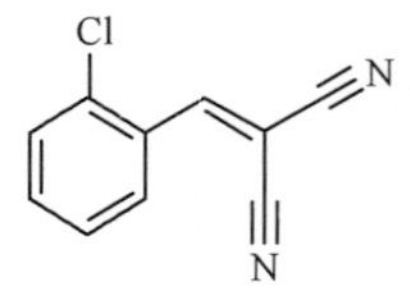

图 4-8　西埃斯结构[①]

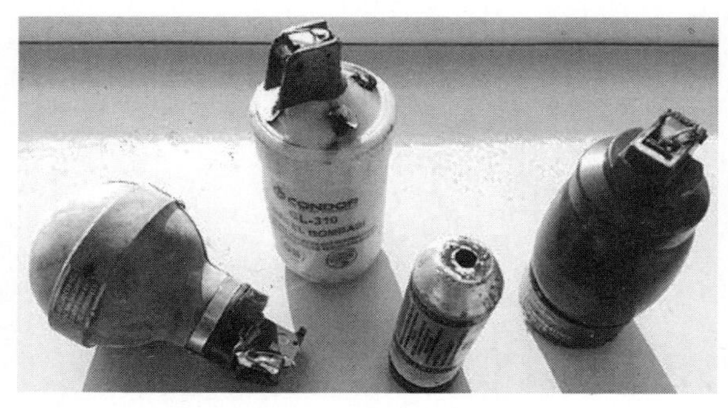

图 4-9　2013 年土耳其反政府抗议运动中收集到的各类西埃斯气体弹壳[②]

1928 年，CS 由美国 B.B.卡森和 R.W.斯托顿最先合成。1959 年美国把 CS 作为标准“防暴剂”正式列装。在 1963 年的侵越战争中首次被大量使用。CS 刺激剂为白色晶体粉末，不纯时呈黄色，状态类似于滑石粉；常制成固体颗粒，装入容器中发射或以粉末方式喷洒在空气中使用；用热分散法可造成毒烟，也可用爆炸法或撒粉器造成微粉使地面和空气染毒；能刺激眼睛、呼吸道和皮肤，有强烈的喷嚏和催泪作用，是复合型刺激剂。CS 刺激剂一旦释放会产生一种辛辣刺鼻的胡椒味，致使人不断流鼻涕，眼睛因感到刺痛而难以睁开，并会造成皮肤烧伤。人员吸入 CS 刺激剂后会感觉胸闷、呼吸困难、恶心，并伴有呕吐。

① https://en.wikipedia.org/wiki/CS_gas
② https://zh.wikipedia.org/zh-sg/CS%E5%82%AC%E6%B7%9A%E6%80%A7%E6%AF%92%E6%B0%A3

（4）苯氯乙酮刺激剂。CN 刺激剂为无色晶体，形状类似颗粒状的盐或糖，带有荷花香味，工业品为灰色或黄棕色，其结构如图 4-10 所示。它可以装入容器中发射，也可以粉末方式在空气中喷洒使用。由于 CN 刺激剂具有强烈的催泪作用和良好的稳定性，所以用 CN 为主装剂的弹药大量涌现，有溶液状使用的毒剂钢瓶、喷射器、布洒器等，也有燃烧分散的发烟弹、毒烟筒、发烟罐等。CN 刺激剂主要刺激眼睛，引起怕光和大量流泪，高浓度时也刺激上呼吸道，引起咳嗽、恶心等症状，还会刺激潮湿的皮肤。

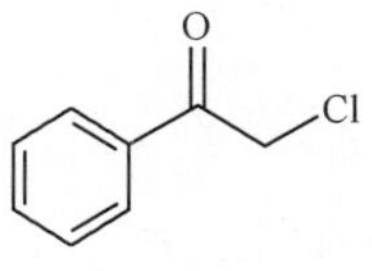

O
Cl

图 4-10　苯氯乙酮结构[①]

（5）亚当氏剂。1913 年，德国首先合成了新的刺激剂——亚当氏剂，如图 4-11 所示。1918 年美国人 R.亚当斯研究应用于军事而定名亚当氏气，现称为亚当氏剂，美国军用代号 DM。其纯品为黄色无味结晶，工业品呈暗绿色。使用时，用热分散法生成气溶胶，能强烈刺激鼻、喉部黏膜，引起喷嚏，是典型的喷嚏性毒剂。亚当氏剂由于含有砷化物，其高浓度可引起肺水肿和全身中毒、潜伏期长等致命弱点，因此阻碍和限制了它的发展与应用。

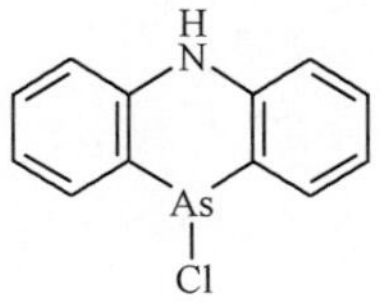

H
N
As
Cl

图 4-11　亚当氏剂结构[②]

（6）梅斯刺激剂。梅斯（Mace）刺激剂成分多元化，效果卓著，具有多种组合配方，除了传统 CN、CS 成分外，Mace 刺激剂还包含天然辣椒素 OC，对人体只会产生暂时性瘫痪，成分安全，不会造成永久性损伤。

（7）EA4923。美国陆军 1972 年对挥发性刺激剂 EA4923 进行秘密研究，并于 1973 年将刺激剂 EA4923 作为重点进行研究，包括改进

① https://en.wikipedia.org/wiki/Phenacyl_chloride
② https://en.wikipedia.org/wiki/Adamsite

纯度、稠度、产生泡沫的组分、物化性质、储存稳定性、材料合适性的研究等，其结构如图4-12所示。美国1977年研究的经透皮、呼吸的双效失能剂EA5302就是一种类似于BZ的取代羟乙酸酯EA3834B溶在EA4923中的溶液。EA4923化学名称是环庚三烯，是一种稻黄色液状化合物，对皮肤和眼睛产生刺激作用的有毒物质。皮肤病理学表明，它能引起皮肤海棉层水肿、皮肤不会角化、真皮发炎、表皮坏死，这就使皮肤对外界物质的抵抗能力大大下降，对有毒物质穿透皮肤进入体内起了促进作用。它还能引起十分严重的结膜炎，可持续24h，但能完全恢复正常，它的蒸汽亦有催泪和刺激皮肤作用。

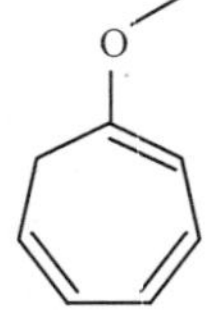

图4-12 EA4923结构[①]

（8）特殊功能防暴剂。随着防暴剂的快速发展，还有一些，如染色剂、臭味剂、闪光爆震剂、彩烟剂、阻燃剂等，统称为特殊功能防暴剂。特殊功能防暴剂品种繁多，使用范围也很广。它们使防暴剂更加“有色”“有味”“有趣”，更加“多姿多彩”，在防暴剂家族中占有重要地位，对于防暴剂的发展实属功不可没。

3. 控制人体行动不能剂（化学黏性泡沫）

化学黏性泡沫类，包括黏稠弹、蛛丝枪、捕捉网、“斗士”网等，都属于反人员化学类非致命性武器。阻滞敌方步兵行进，要比阻滞装甲车队简单得多。主要方式是向人体上喷洒可快速硬化的泡沫，基本成分是丙烯。黏性泡沫是一种化学试剂，喷射在人员身上能在不到1s的时间内，散发出较大数量的胶黏物质，立刻凝固，束缚人员的行动，最大可阻滞一个排兵力的行进。被泡沫阻滞的士兵，不仅不能动弹，而且什么也看不见，听不到。

1993年，驻索马里的美国海军陆战队在索马里行动中使用了一

① https://commons.wikimedia.org/wiki/File:EA-4923_chemical_structure.png

种黏性凝胶似的“太妃枪”，使敌军士兵黏在地上无法动弹，战斗无法进行，装备无法使用，一些凝胶甚至黏住了坦克。该枪由桑迪亚国家实验室开发，使用一个肩挂式发射器发射一种压缩黏性泡沫，可以将人员包裹起来并使其失去抵抗能力。它可以作为军、警双用途武器使用，目前，美国已开发出第二代肩扛式黏性泡沫发射器。

四氟乙烯粉末也可以产生类似黏性泡沫的效果，喷洒四氟乙烯粉末，可以使路面变得非常光滑，就像在冰上一样，敌方人员和车辆难以机动，飞机无法起降，阻拦敌方军队占领桥梁、城市入口等重要目标，从而破坏对方的整个军事行动。四氟乙烯粉末还可撒布在集会示威人员计划聚集的广场上，用于人群控制。

法国研制的渔网弹类似枪榴弹，由发射器发射出去，弹体前面有一感应引信，该引信一旦触及人员目标便开始爆裂，弹体内黏稠物质散成网状，将人罩住。这种黏稠物遍及人员全身，被罩住的人视听困难，但可呼吸，手脚当然难于行动。只有等待他人来收容或解救。

（二）反装备

反装备化学类非致命性武器，是为完成任务的需要，借助武器平台通过各种化学物质或采用化学机理采用干扰、阻断等技术手段使敌方装备失效和失能的一类非致命性武器，且反装备类非致命性武器在使装备丧失工作能力的同时，要求对资源和环境的破坏作用降到最低。

1. 特种润滑剂

特种润滑剂是采用含油聚合物微球、表面改性技术、无机润滑剂等作原料调配而成的摩擦系数极小的化学物质，主要用于攻击机场跑道、航母甲板、铁轨、高速公路、桥梁等目标，可有效地阻止飞机起降和列车使用。

2. 材料脆化剂

材料脆化剂是一种能引起金属结构材料、高分子材料、光学材料等迅速解体的特殊化学物质。这类物质可对敌方装备的结构造成严重损伤并使其瘫痪，可以用来破坏敌方的飞机、坦克、车辆、舰艇、铁轨、桥梁等基础设施。

3. 超级腐蚀剂

超级腐蚀剂是一些对特定材料具有超强腐蚀作用的化学物质。美国正在研制一种代号为C+的超级腐蚀剂，其腐蚀性超过了氢氟酸。超级黏胶是具有超级强黏结性能的化学物质。国外正在研究将它们用作破坏装备传感装置和使发动机熄火的武器，以及将它们与材料脆化剂、超级腐蚀剂等调配，以提高这些化学武器的作战效能。

反坦克非致命手榴弹内装有透镜腐蚀剂、雷达腐蚀剂和人员刺激剂，可用常规方法将手榴弹投向目标，当对付坦克目标时其爆炸释放物将遮盖坦克透镜，使坦克成员不能观察目标；用于对付步行、乘车或隐蔽于掩体内的士兵时可使其眼睛暂时失明。胶黏剂反坦克弹可由火箭筒、导弹发射或运载至坦克周围或坦克上方爆炸，产生黏结性极强的且不透光的胶黏剂云雾。这些云雾胶粒一部分进入坦克发动机，在高温条件下瞬间固化，使气缸活塞运动受阻，导致发动机“喘振”，失去机动性能；另一部分胶粒直接涂在坦克的各个光学窗口，可以遮断观察瞄准仪器的光路，干扰乘员的视线，使坦克丧失机动与战斗能力。

4. 失能泡沫塑料

该失能泡沫是一种聚氨酯材料制成的，将其喷洒在雷场上，会形成坚硬的塑料表面，部队无须排雷即可顺利通过。此种泡沫塑料适用于喷洒在陆地和海滩上，可以为坦克、车辆和人员铺设一条“安全通道”。

5. 特种黏合剂

特种黏合剂是具有超强黏性的化学物质，可以从飞机上直接喷射出以黏结敌方装备。黏合剂在漂浮在空气中时，可妨碍飞机发动机的转动，也可直接封锁公路、桥梁飞机或跑道等基础设施。国外还在研究将其用于破坏装备传感装置，或用作发动机的失能剂，并试图将其与材料脆化剂、超级腐蚀剂等复配，以提高武器的化学损伤效能。

6. 阻燃爆燃弹

发动机是坦克、战车乃至自行火炮等武器车辆的心脏，一旦发动机失能，车辆不能开动，车辆上的武器也无法正常发挥作用。阻燃弹药，使发动机熄火就是破坏发动机的方法之一。

阻燃弹体内装的某种窒息性气体，或某种能在空气中迅速膨胀成泡沫的化学物质。这种“武器”射中目标后，或产生使发动机“窒息”的气体，或在发动机附近生成大量泡沫，致使发动机熄火，而对人员的生命并不构成危险，只是再不能执行战斗使命，这是阻燃弹的特点。另外还有爆燃弹，它是一种能使车辆发动机“心力衰竭”、不能做功的非致命弹药。新研制开发的爆燃弹的典型是乙炔弹。乙炔弹的弹体分为两部分，一部分装水，另一部分装碳化钙，弹体射向车辆后爆炸，水和碳化钙迅速作用产生大量乙炔并与空气混合，组成爆炸性混合物。这样的混合物被车辆发动机吸入气缸后，在高压点火下形成大规模爆燃或爆轰，从而使发动机破坏、熄火，车辆抛锚。据报道，一枚 0. 5kg 左右的乙炔弹就能破坏一辆坦克，但不会伤及坦克驾驶员和乘组人员。

（三）反设施

反设施化学类非致命性武器，是借助武器施放平台，通过各种化学物质或采用化学机理来打击敌后勤综合保障设备和设施，以及补给能力，同时不对其造成毁灭性打击的一类非致命性武器。这类武器主要通过改变或弱化燃料或金属的性能，破坏基础设施或公共事业设备，使如复合材料、聚合物、合金等构成的设施设备暂时失去作用。

1. 碳纤维弹

碳纤维弹，俗称石墨炸弹软炸弹（Soft Bomb），由碳丝经过流体能量研磨加工制成，成丝条状，并卷曲成团，且又经过化学清洗，因此极大地提高了碳丝的传导性能。碳丝没有黏性，却能附在一切物体表面，可由航弹、导弹及远程火箭弹的战斗部内爆炸或火药引爆散布在敌方阵地。当战斗部到达发电厂、配电站、输电网上空时，战斗部内的低速炸药或火药将碳纤维丝团抛出，这些碳纤维在空中飘落，落到发电厂和配电站高压电网上，碳丝可进入电子设备内部、冷却管道和控制系统的黑匣子。碳丝弹头以电厂、变电站、配电站等能源设施为目标，可对包括停在跑道上的飞机、电子设备、发电厂的电网等所有东西都产生破坏作用，从而达到以电为能源的军事指挥、通信联络以及各种武器装备失能的目的。

20 世纪 90 年代初海湾战争时期，石墨炸弹在“沙漠风暴”行动中首次登场。当时，美国海军发射舰载“战斧”式巡航导弹，向伊拉克投掷石墨炸弹，攻击其供电设施，使伊拉克全国供电系统 85%瘫痪。

20 世纪 90 年代末，在以美国为首的北约对南联盟的轰炸和举世闻名的海湾战争中，美军大量使用了“石墨炸弹”，即“碳纤维弹”。

1999 年 5 月 2 日，以美国为首的北约对南斯拉夫的空袭中，美国空军 F117A 隐身战斗机携带 BLU-114/B 石墨炸弹，如图 4-13 所示[①]，首次对南电网进行攻击。攻击后，大量碳纤维丝团像蜘蛛网一样密密麻麻地纷纷飘向电厂、电站，造成停电，不少电器被烧毁，造成南斯拉夫全国 70%的地区断电。随后几日，美国空军再次使用石墨炸弹对南斯拉夫刚刚修复的供电系统实施打击。

由于炭纤维弹的成功效能，此种武器也成为非致命性武器的典型代表。

目前，已知的美国碳纤维弹有两种型号：一种是专为“战斧”式巡航导弹设计的战斗部，飞抵目标上方时爆炸释放出大量松散的

① http://rdbk1.ynlib.cn:6251/qw/Paper/198956

碳纤维丝，随风飘落，缠绕在高能电缆上使其严重短路；另一种是 CBU-94“黑一片炸弹”，由飞机布撒，母弹爆炸后释放出 200 多个装有碳纤维薄片的子弹（BLU-114B），如图 4-14 所示[①]。

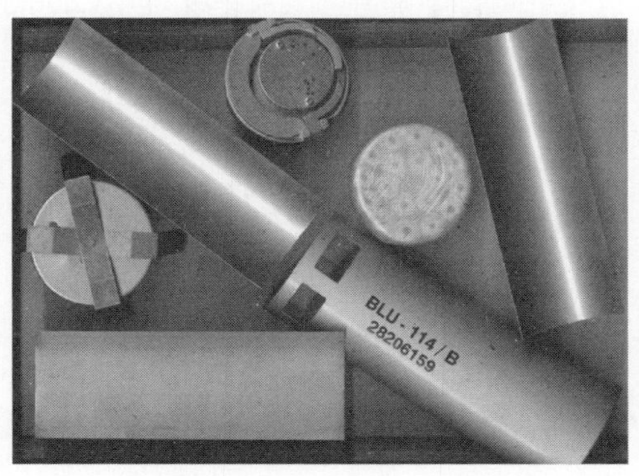

图 4-13　BLU-114/B 石墨炸弹

图 4-14　美军 BLU-114B 型碳纤维弹

2. 漂浮性泡沫

漂浮性泡沫不仅可以对人员构成损伤，还可破坏发动机和传感装置、污染和遮蔽光学系统、导电短路等。

值得注意的是，反设施化学类非致命性武器与反装备类化学类非致命性武器有重合之处，如材料脆化剂、燃料改性剂、失能泡沫塑料等，区别可能在于不同的施用对象、不同的装载和发射平台，

① https://www.sohu.com/a/364060555_100235341

以及不同的用法和用量。

3. 超级润滑剂

超级润滑剂就是将路面的摩擦系数降到极小，使人员和车辆难以机动，飞机无法起飞，从而干扰破坏敌方的整个军事行动。可通过炸弹和人工将这种化学物质抛洒在道路上。

第二节　国外化学类非致命性武器发展动态

一、化学类非致命性武器研发总体概况

对于化学类非致命性武器，最基本要求是可靠、可重复、通用、可逆。这类武器主要是以损害人员的认知和活动能力，以及失能装备、设施为目的，对其生物作用要求是关键。对作用于人的化学类非致命性武器要求是：武器的释放系统要能够远程释放并准确释放。从技术层面上看，要达到这一目标有较大难度。要达到这一目标，就要确定攻击对象的方位和状况，确保传送的准确性。

国外将与化学有关的拒止和驱散等防暴类弹药和装置分成四类：一是传感器刺激类，如辣椒树脂、催泪瓦斯、胡椒喷雾等；二是染料、色素、荧光材料等涂料标志物；三是形成持续的难以忍受的气味的物质，如臭味剂；四是非刺激性遮蔽烟幕，因为其不会对人体产生特殊作用，而不属于《禁止化学武器公约》（以下简称《公约》）界定范围。第二类明显不属于利用化学品性质作用于人体而产生效能的范围，此类化学弹药与《公约》的规定没有冲突。但另外三类，如果都是通过化学品的某些对人体的特殊作用而产生效能，属于《公约》界定的范围。

近年来，非致命性武器中的化学类非致命弹药，部分处于设计、

研制、设想中，部分得到了实际应用。其中，既有进攻性武器，又有防御性的武器，也有攻防兼备的武器，都可以在实际不击毙敌人的情况下，解除其武装，或使敌军装备失去效能，真正做到“不战而屈人之兵”。最主要的两类是失能剂和防暴剂（刺激剂），都属于在《公约》中给予一定说明和界定的非致死化学战剂。此外，还有阻燃剂、超级胶黏剂、超级润滑剂、金属脆化剂、橡胶脆化剂、迷幻剂、追踪剂、恐惧剂等。

（一）美国

美国对作用于人体的化学类非致命性武器的定义是：使人群中98％的人失能，1.5%的人产生持久性损害，0.5%的人死亡；持久性损伤是不可逆的，将降低人员的生活和活动能力。这类武器可包括防暴剂、失能剂、臭味剂等。

防暴剂以催泪瓦斯、氯苯乙酮和辣椒油树脂为代表，已经在维和与控暴行动中得到应用。《公约》禁止将防暴剂作为一种战争手段，但多数国家并没有遵守这一规定，而是采取相关对策寻求作为军事行动使用。

臭味剂是从自然物质中提取的活性臭味成分，或人工合成。多数国家认为，臭味剂不在《禁止化学武器公约》禁用的范围内，故在非致命性武器研究计划中占有重要地位。失能剂在平息暴乱和解救人质等方面的作用已得到公认，但药物定量和投放手段依然需要进一步完善。

由于国际法的限制，目前各种形式的镇静类非致命性武器在战争中的使用依然被视为非法。美国军方资助的多个研究项目提出了若干前景看好的镇静剂类非致命性武器，参与研究单位多，筛选药物类别多，研究进展快。针对作用于人的非致命性化学武器的释放装置备受关注，如何将药物有效地施放到目标人群中非常关键。世界各国都非常重视释放装置的研究，其中重要的技术是空中爆炸非致命性弹药、环状螺旋投射器、无人系统及微囊化技术等。国际主要研究机构以美国最多，其中包括军方的机构，如非致命性武器联合理事会会、美国陆军埃奇伍德研究发展与工程中心、阿伯丁实验场、陆军研究实验室等，还有一些是军方与大学联合成立的研究机构，如海军陆战队研究大学等，这些研究机构承担了大部分非致命性武器的研究项目。

在美国国防部制订的联合非致命性武器计划中，涉及美国陆军、海军陆战队、海军、空军和海岸警卫队，同时兼顾到民间执法机构的非致命性武器使用需求，按照防护装备、武器和弹药、通信和其他设备、训练设备/分配 4 个方面发展其非致命打击能力，初期列入美国国防部非致命性武器计划中的防暴剂装备包括 M36 型防暴剂[1]、MK-4 型防暴剂[2]、M37 中型防暴剂[3]、MK-9 中型 OC 防暴剂[4]、MK-46 型高容量辣椒素喷剂[5]、M33A1 型班用防暴剂[6]、L96A1 型防暴手榴弹[7]，如图 4-15～图 4-21 所示。

图 4-15　M36 型防暴剂

图 4-16　MK-4 型防暴剂

① https://www.ojp.gov/pdffiles1/nij/205293.pdf
② https://www.defense-technology.com/product/first-defense-2-mk-4-stream-oc-aerosol/
③ https://www.ojp.gov/pdffiles1/nij/205293.pdf
④ https://www.ojp.gov/pdffiles1/nij/205293.pdf
⑤ https://www.supremecourt.gov/opinions/URLs_Cited/OT2015/14-10078/14-10078-3.pdf
⑥ https://www.ojp.gov/pdffiles1/nij/205293.pdf
⑦ https://www.ojp.gov/pdffiles1/nij/205293.pdf

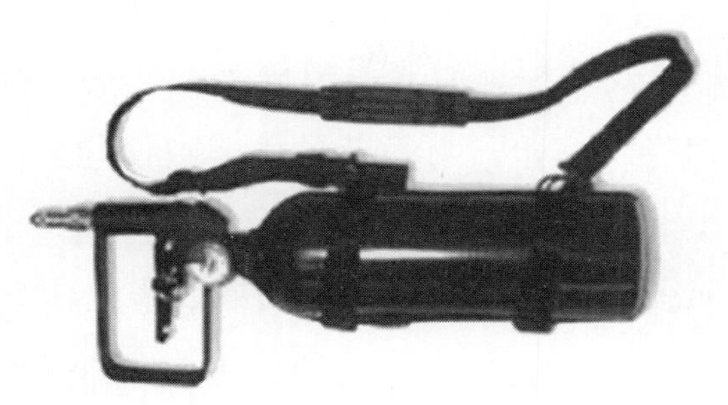

图 4-17　M37 中型防暴剂

图 4-18　MK-9 中型 OC 防暴剂

图 4-19　MK-46 型高容量辣椒素喷剂

图 4-20　M33A1 型班用防暴剂

图 4-21　L96A1 型防暴手榴弹

（二）俄罗斯

自 2009 年，俄罗斯国防部在其武装力量部队开始装备非致命性武器，主要用于反恐，以及军营、军事基地的警备，此前非致命性武器主要装备内务部特警和联邦安全局的特种部分队。

俄军装备的非致命性武器主要有：卡拉什尼科夫冲锋枪（使用橡皮子弹）、马卡罗夫手枪，以及电棍、激光手电筒等；使用最普遍的是代号 KS-23 的 23mm 口径卡宾枪，可换装各种非致使弹药，作用距离 100～150m，弹夹 3 发，射击距离 150m。

在 2002 年莫斯科人质事件中，俄军特种部队采用的芬太尼衍生物的麻醉剂属于精神失能剂，实际上也是一种化学类非致命性武器，但由于麻醉气体释放不均匀，造成 100 多人死亡。莫斯科人质事件使用芬太尼衍生物后，俄军方尚有大量武器储备，并且研究比较深入。但是，从作用于人的化学类非致命性武器定义来看，莫斯科人质事件中使用的芬太尼衍生物并没有达到要求。

气溶胶弹，早在苏联入侵阿富汗时就使用过，其使用方法是引爆气溶胶炸弹，使化学物质撒在路面上，对金属、塑料、橡胶等物质都非常有效。它可渗入坦克、汽车发动机，使发动机停机；也能损害橡胶制品、腐蚀玻璃，让水、汽油变成凝胶无法使用；甚至能让润滑油和燃料忽然变稠而导致发电机熄火。

二、部分典型化学类非致命性武器

（一）美国

1. 美国 EA3834 失能剂

该型失能剂较 BZ 而言，失能强度更大，合成方法更简单，半失能剂量低了约 1/3（BZ 的半失能剂量为 112mg · min/m^3，而新型失能剂的半失能剂量仅为 73mg · min/m^3），可以用更小的剂量达到原失能剂更好的效果，甚至可以配合不同的添加剂，来达到双途径中毒的效果。目前，EA3834 及其前体未列入《禁止化学武器公约》清单，可作为非致命性武器在战争和反恐平暴中使用。

2. 美国 M519 型催泪手榴弹

由美国联合实验产品有限公司研制生产，主要用于警察执行防暴任务，现为欧洲反恐怖部队的制式装备。该手榴弹专门为受环境条件限制的使用者设计，弹体橡胶球体，表面有几个喷气气口，平时气口是密封的，当弹体内的气体压力达到一定值时，才能将喷气孔打开，喷出气体。采用延期点火引信，延时时间 2s；最大弹径 80mm；装药成分为 CS；发烟时间 10～20s。

3. 美国 AM85 式自动催泪痛弹/发射器

M85 式自动催泪痛弹发射器是美国警察和执法部门普遍使用的一种非致命性武器。外形与气枪非常相似，采用全自动发射方式，装在发射器后面的高压气泵提供高压气流作为发射动力，同时兼作肩托；配有盒式弹夹（装弹 25 发）和筒式弹夹（装弹 60 发），使用时可一次不间断将 85 枚痛弹连续发射出去，实际射速 12 发/s。该型已经在美国多地成功使用，并有效制止了多起群体事件的发生。其中，著名的一个案例就是平息了 1999 年发生在华盛顿和西雅图的 WTO 骚乱。由于痛弹既有动能弹的致痛打击效果，又有催泪效应，很快就控制了骚乱现场，且既没有发生伤亡事故，也没有造成环境污染。

4. 美国 18mm 智能非致命弹药

美国智能弹药技术公司最近公布了最新研制的 18mm 非接触智能非致命弹药，如图 4-22 所示[①]，第一阶段研制包括震晕弹和辣椒素弹 2 种。新型智能非致命弹药可由 12 号散弹枪发射，初始速度: 137m/s，射程 91.4m。每个人经过简单培训就能熟练使用。弹体由碳纤维材料制成，重量轻、后坐力小；震晕弹产生的闪光和氮气冲击波可以使敌人目标失能，辣椒素弹产生的闪光和辣椒云可以使敌人眼睛和咽喉有灼热感，从而无法继续实施攻击。目前已有多个国

① https://www.thefirearmblog.com/blog/2017/01/12/smartrounds-non-lethal-smart-projectiles/

家和执法机构对这种新型非接触智能弹药提出使用需求。

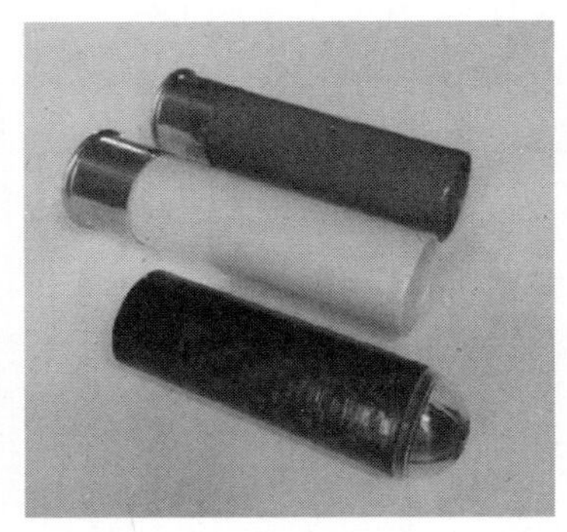

图 4-22 18mm 非接触智能非致命弹药

（二）其他国家

1. 俄罗斯“钉子”非致命榴弹及发射器

俄罗斯内务部所属的“特种装备与通信”科学生产联合体于 2004 年成功研制出一种新型非致命性武器——40mm“钉子”榴弹，如图 4-23 所示[①]。这种含有刺激剂的榴弹将主要配用在 ГП-25 枪挂式榴弹发射器上，能有效对抗大规模骚乱和恐怖行动。

“钉子”新型榴弹重 170g，最大、最小作用距离分别为 250m 和 50m，内装 C-S 型刺激性物质，气体完全析出时间为 15s，通过可配置在各种口径的卡拉什尼科夫步枪和阿巴坎步枪上的 ГП-25 榴弹发射器，以 4～5 发/min 的速度发射，在有效距离内的开阔地带制造约 500m^3 的刺激性细散物质烟云，从而使这种刺激性气体能够有效地作用于处在毒瘾发作或酗酒状态的人群。“钉子”榴弹还具有防外伤安全性橡胶头，内装的新型弹药经医学生物试验证明，对人体健康不会产生危害，比较安全。

① http://mil.news.sina.com.cn/2004-01-07/1226175970.html

2. 以色列“臭鼬炸弹”

以色列武器研发管理局已经完成了另一种对付抗议平民的非致命性武器的研制，该武器名为“臭鼬炸弹”，如图 4-24 所示，这种炸弹装有人工合成的恶臭气体，可在衣服中滞留 5 年[①]。

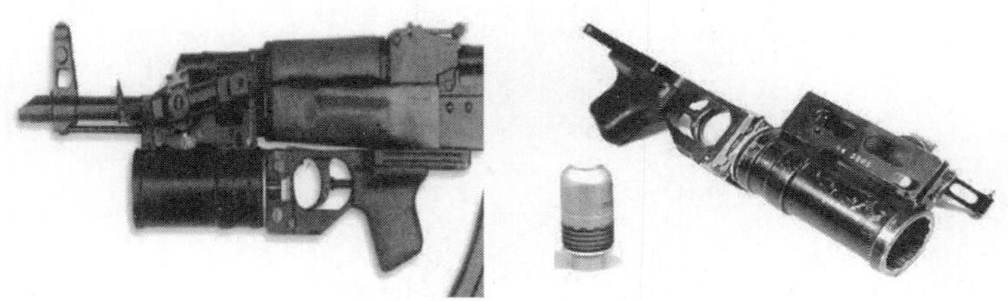

图 4-23　新型非致命性榴弹及 ГП-25 榴弹发射器

图 4-24　2011 年以色列军队在演习中使用“臭鼬炸弹”

3. 英国可识别刺激剂射弹

英国国防科学技术研究院研制了一种有识别能力的刺激剂射弹（Discriminating Irritant Projectile，DIP），如图 4-25 所示，它是一项正在实施的反人员非致命性武器研究计划的成果。这种新型刺激性射弹具有一定目标识别能力，击中锁定的目标后，可释放出大量的刺激剂，使得敌方人员丧失战斗力。据英国国防科学技术研究院

① https://en.wikipedia.org/wiki/Skunk_(weapon)

公布资料，DIP 在 2009—2010 年投入使用。根据当时的设计方案，DIP 主要是由弹壳和装有刺激剂的高硬度小型弹丸构成，有效攻击距离为 1～40m，储存环境温度为-21～58℃，使用寿命为 3～10 年。

图 4-25　有识别能力的刺激剂射弹

第三节　化学类非致命性武器发展中存在的问题

自从非致命性武器问世以来，对它的争论一直没有停止。争论的焦点主要集中在非致命性武器的安全性和环保性两个方面。

在安全性方面，非致命性武器使用不当也会产生致命性结果。有证据表明，有时暴乱分子也会被防暴枪弹或橡皮子弹杀死；防暴毒气可能使人致命；声波装置有时会对肌体产生持久破坏，甚至死亡。此外，由于技术上的限制，目前尚未解决如何在使用非致命性武器时保护己方不受其害。并且也有一些观点认为，非致命性武器将降低“武力使用门槛”，造成武力滥用。例如，在某些无需使用非致命性武器的情况下，士兵可能滥用它，还可能将之作为折磨人的一种手段。环保性方面，化学类非致命性武器的使用会对生态环境造成影响和严重破坏。由于非致命性武器采用大量的化学物质，如碳纤维、胶黏剂、润滑剂等，这些物质容易造成大面积污染且不易清除。

在化学类非致命性武器发展过程中，除了上述两个方面，还主要面临与《公约》CWC 条款的冲突问题。

《公约》中所限定的化学品和武器是指由于其毒性而对人类或动物造成死亡或伤害的弹药和装置，就是说只对人类和动物为作用对象限定的，因此对人员无害的反装备、反设施的化学类非致命性武器，《公约》没有作出限定，二者没有冲突。

一、《公约》对已有化学类非致命性武器的限制

针对人员的化学类非致命性武器弹药，主要有两大部分：一是《公约》中明确给出的防暴剂；二是《公约》没有明确说明，但有一定限定的化学弹药，即《公约》限制使用“通过其对生命过程的化学作用而能够对人类或动物造成暂时失能或永久伤害的任何化学品”，使用前提是“预定用于本公约不加禁止的目的者”，且“只要种类和数量符合此种目的”，虽然看上去这些化学品的范围很大，但用于弹药中，且只能“预定用于本公约不加禁止的目的者”，已将此部分的化学弹药限定的范围非常小，几乎完全局限于防暴剂的范畴，即不用于战争，只用于执法目的，包括国内控暴。

《公约》中明确的防暴剂定义，几乎涵盖了能对人体产生的任何作用，即“感觉刺激或失能生理效应”，但是又不能是长久的伤害，即这些作用必须能够“迅速产生”且“在停止接触后不久即消失”，可作用人体内具有刺激或效应的任何化学品。从这个角度看，国外已有的各类反人员非致命性武器，如各类催泪弹、麻醉弹、失能弹、臭味弹、瘙痒弹、失能弹等，都属于防暴剂的范畴。

二、《公约》难于约束新出现的化学类非致命性武器

合成生物学、计算机化学、纳米技术、微反应器等现代科技发

展使得发现新化学品的速度明显加快。当对人体有特种作用的化学品产生并可能蓄意恶意使用，用作武器弹药时，就会形成新的作用于人员的类化学武器风险。由于是新发现的化学品，《公约》还无法因有毒有害就对其研究生产使用加以约束；有的具有控暴效果的化学品，毒害作用较小，且因其是新化学品，难以界定使用目的和范围，一旦超出《公约》规定，必然违背《公约》，造成与公约的冲突。

完全符合当代医药发展需求而研发的化学药物，《公约》对其没有任何的约束力。例如，生物调节剂或感觉器官特异性靶向药物一旦用于军事就具有很大的潜在威胁性。研究表明：一般来说，荷尔蒙能治疗焦虑症和创伤后应激障碍；催产素有助于消除恐惧，并具有很大的抑制焦虑的效果。然而，一旦将生物调节剂或感觉器官特异性靶向药物用于军事用途，如 α 受体阻断剂在大剂量使用时可迅速降低血压；抗胆碱能药物可引起暂时性失明，则会对人造成伤害。又如，突破血脑屏障也是一把双刃剑。药物如能穿过血脑屏障将有助于提高疗效，纳米药物制剂技术发展有望突破血脑屏障，但治疗疾病的同时也避开了人体的最后一道防线，造成恶意使用的化学品能够无障碍地作用于人体，后果不言而喻。

据俄罗斯《莫斯科共青团员报》网站报道，俄罗斯总统普京主持俄联邦安全会议大会时指出，随着科技发展，先进化学防御装备的研发在观念上或技术上应以有效防护各种形式的潜在威胁为导向，充分反映科技的发展，带来新型化合物成为化学战剂的潜在威胁，由此产生与《公约》的冲突也不可避免。

三、《公约》与化学类非致命性武器的潜在冲突

（一）防暴剂

一是执法目的模糊。防暴剂（RCA）在《公约》的第 2.7 条中

有着明确定义，《公约》的第 1.5 条也规定禁止将 RCA 用于战争手段。但《公约》的第 2.9（d）条却允许这类有毒化学品用于执法目的和国内控暴，只要其使用的类型和数量与这种目的相一致（第 2.1（a）条）。因此，在实际使用 RCA 的过程中很容易出现因执法目的不明确而导致的过度执法问题。

执法部门在正常合理的行动中正确使用 RCA，它就是一种非常重要的可以替代其他武力（枪械）的执法方式，并且可以极大地降低受害人重伤或死亡的风险。然而，一系列联合国人权机构和国际非政府人权组织报道了一些执法机构误用 RCA 的情况，如镇压言论自由、正常集会、过度滥用、虐待拷问甚至在密闭的空间中使用造成受害人的严重损伤和死亡。这些误用行为不仅是对国际人权标准的践踏，无疑也同《公约》中 2.1（a）条款“类型和数量”及 2.9 条中“执法”目的相背离。值得关注的是，并没有任何一个成员国提出过这种误用 RCA 的案例，相关的决策机构也并没有解决《公约》下执法的性质和范围问题。此外，允许的执法目的和禁止的战争手段之间的界线仍没有清晰的界定，这都是导致 RCA 误用的重要原因。

二是透明度不高。根据《公约》第 3.1（e）条，成员国应递交持有用于控暴的所有化学品的最初声明。然而，《公约》并没有要求成员国提供任何关于 RCA 的细节，这些细节包括：RCA 的持有量，运载工具是否是适用于执法的手扔式罐或喷雾装置，又或是打算用于武装冲突的迫击炮弹、航空导弹或子母弹以及持有 RCA 的具体对象。如果这些信息不能公开，那么《公约》对成员国使用 RCA 的警示作用，以及《公约》在各成员国间营造的“信任建设”（Confidence-building）将受到很大限制。此外，这个领域内的公众透明度也非常低，人们获得信息的唯一途径是 OPCW 的年度履行报告。截止到2018年12月31日，《公约》成员国一共192个，图4-26是138个国际化武公约成员国所宣布使用的RCA类型，尽管它展示了持有每种特定类型 RCA 的国家总数，但并没有具体指明各成员国持有何种RCA。

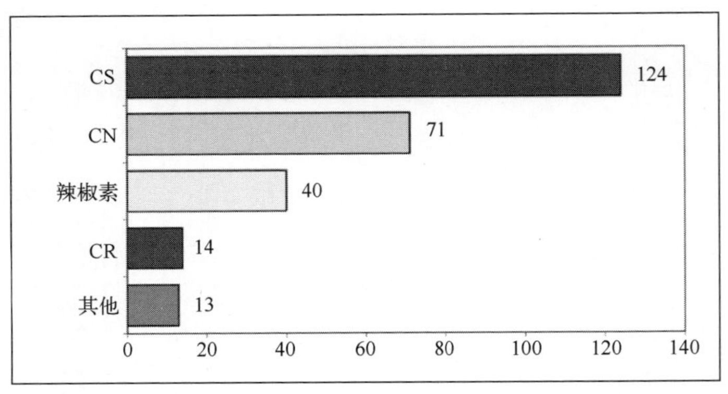

图4-26　138个成员国家宣布的防暴剂（按防暴剂类型）

（二）化学失能剂

一是定义的模糊。失能剂（ICA）目前仅达到广泛的认同，仍没有一个国际普遍接受的准确定义，即失能剂是一种完全不同于防暴剂（RCA）的化学试剂。因为目前常用的 RCA 主要是作用于人体外围的黏膜而形成难以忍受的强烈刺激效果，而失能剂则是作用于关键的生物化学和生理系统产生失能条件，并在较高浓度下具有致命效应的化学品。如果不能给出 RCA 一个严格明确的定义，随着科技的不断发展，一些成员国很可能打着“失能剂”名义，研制一些失能性、致命性更高的化学品，这不仅不符合《公约》的初衷，同时也违背了国际人道主义的相关规范。

自莫斯科人质事件后，一些公约成员国正致力于执法的非致命性武器的研究，一些研究失能剂的成员国开始出现担忧：如果《公约》不对这些针对失能剂的研发行为进行监管和约束，这些行为必将逐渐破坏现有的《公约》禁令。也正是这种担忧，促使国际上越来越多的科学和医学专业组织呼吁《公约》成员国应当着力解决失能剂的问题。

在 2008 年第二次《公约》审查大会上，瑞士政府的国家声明就提出："对失能剂关注的不确定性具有破坏《公约》的潜在风险，这个问题应该被及时地展开讨论"。并提出了确定认可的失能剂定义、《公约》下失能剂管理状态及失能剂透明度的建议。巴基斯坦政府国家声明中提到："先进的军事技术往往会钻现有禁令的漏洞进而将其逐渐破坏，为防止《公约》走相同的老路，就应该加强对失能剂的关注"。在 2009 年第 14 届《公约》成员国会议上，Pfirter 总干事提出："《公约》现存的一些模糊定义和'缺损'的发展最终可能会冲击其禁止化学武器的效能，像失能剂这种问题应当引起科学咨询委员会的重视。如果做不到，在不远的将来，随着相关科学学科的推进和成员国针对失能剂持续展开的研究，这种试剂将存在着扩散和误用的风险。"

二是管理的模糊。如上节中所述，《公约》并未给出失能剂明确的定义，但根据《公约》第 2.2 和第 2.7 条款中防暴剂和有毒化学品的定义，毋庸置疑，失能剂也是处在《公约》管辖范围之内的。因此，失能剂必须遵循《公约》第 2.9 条所允许使用的目的及第 2.1 条中"类型和数量"与使用目的相符合的规定。但问题在于《公约》中第 2.9（d）条的规定可有多种解释，因为目前国际社会对"执法"没有确切的定义，并且已经致使一些相关法律学者针对于"执法"而言，给出了各自不同的解释。此外，更重要的一点是《公约》允许"执法"和禁止"武装冲突"之间的界限较为模糊。例如，对于反恐和打击海盗的行动而言，因其规模的大小不同，很难确定是属于执法或武装冲突的范畴。除执法的定义没有明确外，是否可以像

RCA 一样将失能剂用于执法目的，如果可以应该在什么样的条件下使用，仍存在着诸多的疑问。

三是在限制与允许之间博弈。2018 年 3 月，英国前俄罗斯间谍谢尔盖·斯克里帕尔（Sergei Skripal）和他女儿尤莉娅·斯克里帕尔（Yulia Skripal）中毒案所使用的神经性毒剂“诺维乔克”(Novichok)，被认为有可能是新一代神经性毒剂，由此引发修约。这将颠覆原先对“诺维乔克”化学品的认定，从一种非致命失能剂到作为一种新型化学武器而遭到禁止。“诺维乔克”神经性毒剂及同系物，理论上的结构有几十万种。目前已公开来源的 17 种代表性化合物中仅 12 种具有美国化学文摘社（CAS）注册号，且大多数毒性和理化性质尚不清楚，尚需针对其潜在毒性开展综合研究。

2018 年 10 月 16 日，加拿大、荷兰和美国联合向 OPCW 提交议案，建议对《公约》的《关于化学品的附件》的附表 1（严格禁止的毒剂附表）进行修改，增加两类有毒化学品，其中一类包括在英国中毒事件中使用的“诺维乔克”有毒化学品，先遭俄罗斯反对，后几经博弈，终于在 2019 年 9 月，俄罗斯放弃之前的立场，同意接受美西方的观点，只在附表中，增加 4 类化合物并且接受加拿大、荷兰和美国的提案。至此，在 11 月底召开的 OPCW 第 24 届缔约国大会上，上述两份提案均获得通过。在公约附表中将增加 4 类新化学品，其中主要是诺维乔克类化合物。上述修订在 OPCW 总干事费尔南多·阿里亚斯将最新情况通知联合国秘书长后 180 天生效。

第五章　非致命性武器使用与发展

随着世界局势的深刻变革，尽管各方利益引发的局部冲突和有限战争不断，但和平与发展依然是世界的主题。军队作为维护国家主权和领上完整的国家机器，其作战目的和打击目标也发生了新的变化，高科技、智能化、信息化赋予其更多的内涵。除了军事作战，通常军队更多地被要求执行多样化军事任务，如反恐、处突、维和、反骚乱、反暴力犯罪、打击海盗等。新的任务和作战对象对武器装备也提出了新需求。特别是随着反恐处突形势日趋严峻，现场处置环境非常复杂，各种敌对势力和普通老百姓混杂在一起，如果贸然使用致命武器造成无辜群众的伤亡，将可能会激化社会矛盾，使政府陷入更加被动的局面。

非致命性武器与传统的致命武器配合使用，既可为传统致命武器的有效使用创造更有利的条件，收到事半功倍的效果，也可以作为一种“中间打击能力”独立解决问题，化解矛盾和冲突平息事态。因此，非致命性武器必将作为常规制式杀伤性武器的重要补充，或者多一种选择，在未来战争和非战争军事行动中扮演越来越重要的角色。本章主要以美军为例，研究剖析非致命武器作战运用理念和未来发展趋势。

第一节　非致命性武器的作战运用

由于安全威胁多样化，部队需要在复杂的作战环境中遂行大规模军事行动、非常规战争、非战争军事行动、低烈度冲突、执法行动等全谱作战任务。随着战场环境的日益改变，非致命性武器以其作战应用的灵活性，政治和外交上更易于被接受的特殊性而赢得各国青睐，在未来战场上它将具有更大的使用范围。新一代非致命性武器更加强调在军事战略层面上的应用，以填补常规武器在战术和战略使用上的空白，从而具有和常规武器同等的重要地位。

非致命性武器最典型的战略使用就是利用碳纤维弹打击电力通信系统。在海湾战争中，美军曾用装备碳纤维弹的“战斧”巡航导弹攻击伊拉克的发电厂，“战斧”导弹在伊拉克发电站上空发散了成千上万条碳纤维，从而使电气元件短路并导致供电中断，最终造成伊拉克巴格达地区的电力系统全面瘫痪。

近年来，非致命性武器的使用概念和范畴进一步拓展，常规军事打击的“警告-非致命打击-开火”的反应方式已经转变为“警告-扰乱-迟滞-非致命性武器开火-致命武器开火”的非致命“中间打击能力”反应方式，层层升级的武力缓冲可为军事作战行动赢得主动。另外，非致命性武器更能适应“敌-群-我”混杂作战环境，不仅可填补单纯依靠致命性武器作战形成的战术空白，完成作战任务，还能使官兵最大限度地解除武器使用上的束缚，实施有效处置，降低舆论影响，达成政治目的。就执法角度而言，使用非致命性武器可以最大限度地降低官兵、嫌犯和公众的伤亡风险，平息事态，减少针对执法部门的民事和刑事责任诉讼。因此，以美军为代表，许多国家一直以来把非致命性武器视为现代战争的“力量倍增器”予以高度重视，作战和执法环境越错综复杂，非致命性武器的作用就越大。

一、美军非致命性武器战术运用的背景与原则

（一）背景

随着国际武装冲突的多元化，特别是“9·11”事件后，美军将会更多地执行警戒、维稳、维和和反恐等任务，士兵面对的往往是手无寸铁的民众。同时，未来战争也将更多地在城市进行，参战人员与非参战民众难以分辨，常规杀伤武器的使用受到严格限制。而使用非致命性武器，士兵既可以在保护自身不受攻击的情况下有效地控制骚乱，又不会造成大量平民伤亡而受到国际社会和舆论的谴责。有观点认为，在处理当今世界许多冲突中，为使官兵更有效地应对各种传统或非传统威胁，使用非致命性武器已成为所有作战行动的迫切需要。

非致命性武器的应用范围包括军事作战、特种作战、反恐和维和作战、抑制暴动、降低武装冲突强度作战、解救人质、保护人道主义任务、警用作战等方面。另外，非致命性武器还可以用于对抗以下行动：使用大规模破坏性武器，毒品的生产、储存和运输；阻止恐怖主义的武装团体准备跨越国境的进攻。

研究认为，虽然其在武器装备上拥有绝对优势，但敌对派武装者更多地将军事目标混淆于民用目标中，平民和反美武装人员的界限日益模糊，开展的一系列军事行动受到较大阻力。

美军在这方面教训是惨痛的。在 1992—1993 年的索马里军事行动中，因无法分清武装分子与平民，战斗也就无法避免平民伤亡，战况十分惨烈。整个维和行动导致了 18 名美国士兵和数百名索马甲平民死亡。伊拉克战争中，反美武装往往打扮成老百姓实施袭击，美军因不能辨其真伪，多次伤及无辜百姓：大量平民的伤亡，造成美国国内与世界各地发生大规模反战游行，反战浪潮高涨。而伊拉

克人则更加仇恨美军，但不配合美军行动，相反加入反美武装阵营。在这种情况下如果运用非致命性武器成功，不但可以在不伤害平民的情况下，迅速控制混乱局势，而且能有效防止暴力冲突向更高对抗形式发展。这些活生生战斗实例和血的教训，也更加坚定了美军在战斗中运用和发展非致命性武器的决心。

（二）原则

美军为非致命性武器在战斗中的运用，制定了以下原则。

1. 科学编组，综合多能

美军认为，执行任务的部队通常要根据现行的条令实施作战行动；环境中可能包含战斗人员和非战斗人员。非致命性能力为部队提供了与对手交战并尽量减少附带伤亡的工具，要运用非致命性武器，首要的一点是充分理解其力量构成。美国陆军野战条令FM3-22.40《非致命性武器的战术运用》指出，“涉及非致命性武器的分队战术行动时，编队需要提供多种能力”。美军在编组非致命性武器独立战斗力量时，通常编组基础分队、支援分队和指挥分队。在武器装备配备上，不存在严格编配标准，对装备种类、型号、数量不做硬性规定，通常着眼执行任务性质，力求具备多种能力，形成武器弹药的作用范围远、中、近相结合，作用机理相互补充、杀伤效果逐次升级的编队。

2. 多法并举，先机制敌

由于非致命性手段重在“告诫”，而不是致人于死地，且对付非致命性武器的手段方法简便，易于掌握，敌对一方会充分利用这一弱点大做文章，处理不当将会导致战斗直至战略层面的被动。因此，美军分队指挥官在运用非致命性武器时，通常考虑综合运用施放烟幕、设置障碍、使用效应武器控制人群、以反制武器反敌装备等多种办法，综合运用各种措施，以形成对敌绝对优势；在时间利用效率上，通常要求先敌决策，先敌下达行动指令，先敌行动，先机制敌。

3. 灵活施变，对等升级

行动中，现场情况瞬息万变，稍有不慎将会激化矛盾，引发冲突升级。为此，美军在小规模应急作战、冲突或平时制止暴乱等军事行动中，特别强调非致命性武器使用的灵活性。美国陆军野战条令 FM3-22.40 明确规定：“指挥官应当将使用非致命性武器的权力下放到尽可能低的战术单位”。以便于现地指挥员根据现场情况，见机行事，灵活处置。在考虑非致命性武器具体使用方案时，美军通常根据敌方行动特点与规律，在准确把握对方企图的前提下，依据敌可能采取的对抗方式、手段等，有针对性地采取相应措施，逐次升级，以避免因己方行动不当，激化矛盾，使冲突向更高层次发展。

4. 与致命性武器相配合，慑打结合

非致命性武器向指挥官提供了一个除了运用致命性力量以外支配行动的重要手段。但在非致命性武器难以取得理想效果的情况下，美军部队必须保留使用致命力量的手段和能力。这是因为如果没有致命力量的直接威胁，非致命性武器将起不到预想效果，甚至会适得其反。更为重要的是，失去致命能力，美军将面临难以接受的风险。假如使用非致命力量而没有致命力量作保证，交战对手会抓住这个弱点，使形势更加恶化。为此，美军在实际战斗中，特别强调非致命性武器与致命武器系统配合使用，形成综合威力。无论何时使用非致命性武器，必须始终有独立的致命力量，以便对敌形成有效威慑。

二、美军作战单位编配非致命性武器的主要任务能力

美国陆军野战条令 FM3-22.40 明确指出，非致命性武器的任务

来源于作战指挥官和军种的任务需求陈述，并以条文形式编入非致命性武器联合任务区域分析。这些任务主要根据反人员、反装备及反设施（瘫痪）三个核心能力确定。

（一）反人员

主要包括：控制人群，使人员失能，设置禁区，清剿设施或建筑物中的人员等。①控制人群：运用非致命性军事力量，采取有效方法将骚乱中的暴徒制服，影响和控制潜在敌对人群的行为和行动。②使人员失能：为达到一定战术目的，采取使人员身体上和精神上失能的武器，使敌对力量不能进行敌对或威胁行动。③设置禁区：采用使进入人员产生身体和精神不适的各种系统，使人员无法进入一个地区（陆地、海上或空中）。④清剿设施或建筑物中的人员：运用非致命性武器固有的一些综合技术，在城市等地形上，对设施或建筑物中的抵抗力量实施清剿，肃清残余敌对力量。

（二）反装备

主要包括：禁止车辆、轮船和飞行器进入特定区域，瘫痪/压制车辆、轮船、飞行器和装备。①禁止车辆、轮船和飞行器进入特定区域：运用阻碍或阻止运动的有形障碍物，使车辆、轮船和飞行器不能或阻止它们进入目标区域或进入作战地区。②瘫痪/压制车辆、轮船、飞行器和装备：攻击作战武器和支援基础设施但不完全摧毁，使装备和设施失去作用。通过改变燃料燃烧属性和润滑剂黏性，使物质催化或腐烂，破坏轮胎、垫圈或软管，或像黏合剂一样黏合金属部件，瘫痪/压制各类装备。

（三）反设施

主要包括：瘫痪/压制设施和系统、使敌丧失使用大规模杀伤性武器的能力。①瘫痪或压制设施和系统：通过非致命性武器的良好控制效果，辅之以设置假目标、欺骗佯动等手段，瘫痪/压制发电设施、指挥、控制、通信、计算机、情报、监视和侦察系统、合成空中防御系统、武器系统、导航系统以及光学传感器材等。②阻止使用大规模杀伤性武器：在武装冲突发生之前，在人口稠密或敏感地形上运用非致命手段，遏制致命毒剂/沾染物的使用，以及阻止或控制生产、存储、部署（运输）、使用和发射大规模杀伤性武器。

三、美军非致命性武器运用的时机和目的

非致命性武器是使人暂时失去抵抗能力、暂时阻止某些车辆装备和设备正常运行的特种武器，具有不对人员产生致命杀伤、不留下永久伤残及对生态环境破坏较小等优点。美军认为，非致命性武器的出现，为现代军事斗争提供了更多作战手段。在某种特定作战环境中，当部队需要达到某种军事目的但又不容许造成人员伤亡时，使用非致命性武器成了一种最好的作战手段。

（一）强调运用于城市地域作战，以减少附带损伤

随着世界城市化发展趋势的加强，未来战场开始向城市转移。城市因建筑高大、人口密集、视野受限等固有特点，产生了参战与非参战民众难以辨别、减少附带灾难困难等一系列问题。正如美国国家安全委员会报告所指出的那样：“城市中军事行动的日益增长，将对未来社会的安全环境造成一种独特的挑战。”在这种环境中，常规杀伤性武器的使用受限，发挥作用面临挑战，而非致命性武器将成为士兵的理想选择。因此，美军特别强调非致命性武器在城市作战中的运用。通过使用非致命性武器，士兵既可以在保护自身不受攻击的情况下，减少对城市设施的破坏，又不会因造成严重附带损伤而受到国际社会和舆论的谴责。因此，对军事和民用防御设施进行攻击时，避免传统致命性武器造成的突发灾难已成为可能。“沙漠风暴”行动也同样展示了新一代非致命性武器的重要作用，有资料

表明，携带有计算机病毒的芯片装入打印机，通过约旦走私至伊拉克，然后被送往一个防空地下掩体。这种计算机病毒能使负责在各防空炮兵连之间进行协调与通信的网络瘫痪，当技术人员打开显示器检查空中防御系统时，它便吞噬计算机 Windows 操作系统，进而使伊军指挥中断、控制失灵。

（二）强调运用于较小规模作战，以防止行动升级

从战术角度看，非致命性武器弥补了传统杀伤武器在制止冲突事件中的局限性。一位从索马里回来的海军陆战队队员说："暴徒们知道我们不允许开枪射击，他们就试图逃跑或窃取士兵携带的武器装备。"在对付具有杀伤能力暴徒时，非致命性武器为执行任务的士兵提供了新的选择，用它可以阻截、制止并驱散暴徒，同时又可最大限度地降低伤亡人数，这就意味着在很多危险情况下，执行任务的士兵可以摆脱杀伤性武器的局限性，在行动上获得更大的自由。这使美军在面临冲突和突发情况时，避免因一开始就使用致命性武器带来的矛盾激化和行动升级。美国陆军在科索沃的"猎鹰"特遣部队和在古巴关塔那摩驻扎的部队都是为防止行动升级而使用非致命性武器的典范。

（三）强调运用于各类军事行动，以减少无辜伤亡

当前，在非战争军事行动这一富于挑战的新环境行动中，越来越多地使用非致命性武器。这类行动包括人道主义援助、救灾行动、非战斗人员撤离及各种和平行动等。这些行动将涉及美军和非战斗民众之间近距离而持续的相互作用。某些非战争军事行动场合还有可能包含准军事力量或武装派别存在，这些力量随时会对联合部队构成不确定性威胁。在这些情况下，军事力量的任务通常在本质上带有预防性的一面。有时，敌对因素和当地居民混杂在一起，而且当地人口中某些人员可能会与军事力量对抗并成为暴力行动的积极

参与者。派别组成、暴力级别和可能的威胁极可能在根本没有警告的情况下不断变化。这种情况下，美军面临的对手身份不明，受交战条例限制，致命力量只可用于自卫目的，这使美军在行动中受到极大束缚，自身安全也面临巨大挑战。面临这一难题，美军特别强调非致命性武器在非军事行动中的作用，通过非致命性武器在各种非军事行动中的运用，以其自身固有的优势，在降低非战斗人员损伤、减少无辜平民伤亡的同时，也可为自身提供有力保护。

（四）强调运用于处置民众骚乱，以避免激化矛盾

在制止暴乱、抢劫、骚乱等行动中，通常情况下，对手都会混杂在平民之中，这就要求指挥官必然要灵活有效地使用非致命性武器，就像通过可调变阻开关能够任意改变电流大小一样，非致命性武器使指挥官有足够的选择不必歼灭敌人或摧毁设施就能达到目的。正确使用非致命性手段的军队比那些只依赖致命手段的军队更能占据主动和优势。因此，美军历来强调非致命性武器在处突和平息骚乱等行动中的运用，这是因为选择非致命性武器将不会激怒对手，可以较成功地避免矛盾激化，减小使态势升级到需要用致命力量解决冲突的可能性。此外，社会对附带损伤和人员伤亡的心理承受能力有限，选择非致命性武器不起作用再改为使用致命力量，公开表现出克制态度能够极大地减少愤怒。

第二节　非致命性武器发展趋势

当今世界的安全形势不容乐观，传统安全威胁与非传统安全威胁相互交织的态势也愈发凸显，且威胁的形式越来越多地表现出职业化、智能化等新特点。在高科技局部战争、地区武装冲突，以及恐怖活动等威胁越来越严峻的情况下，促进了非致命性武器的研究及使用，提高了解决各种冲突的能力。

在武器装备向着综合化、模块化、通用化、信息化和智能化方向发展的大趋势下，综合非致命性武器的发展，也体现出相似的特征。各种新技术、新原理、新材料的广泛应用，也将推动各类非致命性武器的快速发展，未来的非致命性武器将呈现小型化、一体化、精确化和安全性的发展趋势。

一、小型化

非致命性武器在作战使用上要远、中、近火力梯次配备，非致命性武器发展也要做到远、中、近火力的协调发展。对于针对人员的非致命性武器则应要求携带方便、隐藏性强，以达到出奇不意的攻击效果。对人员施用的非致命性武器，以近距离使用为主，因此，其便携化和小型化将提高反人员非致命性武器的机动性、勤务性和作战效能。另外，体型轻巧、灵便、隐藏性强，可在敌方人员未作出反应前进行打击，达到出其不意的效果。这就需要非致命性武器结构紧凑，便于携带，做到攻击的突然性；同时要满足应对突发状况的需要，能够实现非致命性武器和致命武器之间的快速转换。

非致命性武器兼具致命武器的功能，为遂行不同任务提供更多、更方便的选择，避免同时携带致命和非致命两种武器，造成负重过大，影响机动性能。此外，非致命性武器的发展不能全部另起炉灶，要在现有武器装备的基础上，加强改进升级，发展多用途武器、多用途弹药，这样面对不同的形势，可以采取不同的措施，达到作战效益的最大化。

二、一体化

由于非致命性武器对人体的损伤程度相对较低，对于那些身体强壮或采取了一定防护的目标，被击中后仍有一定的反抗能力或逃逸能力，因此将多种打击效能集一个平台于一身，实现非致命性武器的多功能就显得尤为重要，这也是“一物多用”。在传统武器的基础上增加非致命打击能力，可以增加武器装备的经济性和作战灵活性。因此，非致命性武器将利用现有的武器平台，致力实现致命打击与非致命打击能力的一体化。在反恐、打击海盗等行动中，面对复杂多变的使用环境，在发射非致命性武器时，要尽可能地减小声、光、电、烟的产生，提高隐蔽性，避免被打击目标发现。有些国家在一物多用上已经作出尝试，如德国的手持式捕捉网抛射器，既有捕捉网，又在网上加装了 OC 喷射器，增加打击方式的同时也是对己方的保护。同时，随着新军事革命特别是信息技术与人工智能的战场使用，未来的非致命性武器将高智能化，集通信、侦察、识别等多功能于一体。

三、精确化

每种非致命性武器的作用距离都有特定的限度，不同种类非致命性武器的作用距离也不尽相同，若作用距离或能量控制超出范围，非致命性武器将变为致命武器。因此，非致命性武器在作战使用上要远、中、近火力梯次配备，非致命性武器发展也要做到远、中、近火力的协调发展。

目前的非致命性武器在射程、覆盖面等方面仍存在不足，未来非致命性武器应朝着型号体系化、作用精确化方向发展，实现距离可选、能量可控、作战效能可调，准确攻击敌方人员、设备和保障系统，保障同时在近、中、远距离发挥有效作用，做到远近打击协调发展，同时在提高指挥官指挥灵活性，增加其作战手段的同时不危及群众或造成附带破坏。例如，现在的恐怖分子通常隐藏在山林，或者借助高大建筑进行顽抗，为了防止恐怖分子“人体炸弹”的袭击，就要避免与打击对象面对面的作战，有效地保护作战人员的自身安全，所以要求所配用的非致命性武器必须具有较远的射程，对恐怖分子实施首发命中的远程精确打击。

四、安全性

非致命性武器一旦使用不当容易造成永久破坏且不易恢复，也会对人员生命和生态环境造成影响和严重破坏，因而非致命性武器研发时必不可少地要考虑环保问题。如选材可采取自然降解材料、对环境土壤水低毒性材料等。非致命性武器从一诞生就对其环保性有各种关注，反对者也多从环保问题上做文章。因此，未来非致命性武器要在技术性能上与其他领域非致命性武器协调发展，提升可靠性和安全性，朝着造成人员的实质性损伤程度越来越小、对环境的污染越来越低的方向发展，以满足人类生存、环境保护与和平发展的需要。

附　　录

附录1　非致命性武器联合概念
——非致命性武器发展指南

伴随“非致命性武器”概念的出现，又出现了一种“非致命性战争”的概念。1992年，美国国防部正式提出了“非致命性战争框架”作为美国五角大楼的新军事战略，由此引发了世界许多国家的“非致命性武器热”。

此时，由美国海军陆战队出台了名为《美国非致命性武器的联合概念——非致命性武器发展指南》(以下简称指南）的报告，从战略的高度为美国今后一个时期非致命性武器的发展提供了方向，同时为非致命性武器应用于军事领域与非军事领域的核心能力的发展确立了一整套指导原则。指南成为了发展非致命性武器联合能力决策的基础，为研究和制定包括非致命性武器的战术、技术和生产等文件提供了参考。

但是指南中也明确指出：非致命性武器作为传统致命性武器的补充而不能取代传统常规武器，并认为在相当长的一段时间里，非致命战争是不可能存在的。

1　非致命性武器定义

美国国防部官方定义非致命性武器，把非致命性武器作为一种为了使人员或装备失能而设计的武器系统，这种武器能够降低致命性，减少人员的永久伤害及对人民财产和环境造成的不必要的损害。需要说明的是，这一定义不包括信息战、电子战，或其他任何专门设计不以减小致命伤害、人员永久性伤害、不必要的人员财产和环境损害为目的军事能力，即使这些能力可以产生非致命的效果。

值得重点注意的是，国防部政策不要求或不希望非致命性武器（完全）不致命或不造成永久伤害，更确切地说与传统的杀伤性武器相比，非致命武器仅仅是用于减少致命伤害的可能性。

2 环境

友军和友好的、中立的、敌对的平民之间日益增加的相互影响，相互作用，已经变成为了当代作战形势的一个特征。

在将来，这种情况似乎会继续维持下去。这一特征的出现有两个原因：

第一，全球范围内的人口增加，迁移居住的结果是日益增长的城市化现象，这种现象不仅发生在发达的工业化国家，而且发生在许多发展中国家，许多城市都是危机易发生地区，在美国军队参与的这种军事对抗中，有许多非战斗人员卷入了这种对抗，成为大批易受武力攻击的群体。

第二，美国军队越来越频繁地参与到非战争军事行动中（MOOTW），包括人道主义援助任务，对地方政府的军事支持，维和行动及非战斗人员疏散。这些行动普遍涉及友军和非战斗人员的密切接触和持续接触。一些非战争军事行动引起了准军事部队的出现或者武装派系内讧，这是一种真实的却难以限制的威胁。在这些行动中，军队的任务通常是从根本上防止危机的发生。军队通过阻止个人或群体进行暴乱、抢劫、袭击、骚扰及其他破坏性行为履行其职责。有时敌对分子混在老百姓中，有时当地居民中的一部分会与军队对抗成为暴乱的参与者。当派别组合、暴力程度、任务危险等级具有即时性，且对手身份不确定时，使用非致命性武器用于非自卫目的将由交战规则或由指挥官现场决定。

美军进行军事行动的样式是与国际法和本国政策要求相一致的。军事行动的限制是依据“均衡”和“必需”的原则。这种原则促使美军努力减少非战斗人员伤亡，减少间接损失，维持行动的合法性。尽管他们很尽力，但毕竟不能消除非战斗人员伤亡的可能性和完成任务的危险性。一旦这种非战斗人员伤亡发生了，即使是在明确的军事需要下不可避免的、正常范围内的伤亡，消息会通过媒体立即在全世界范围内传播。这种对美国经常在这些危机地带出兵的报道经常会引起世界范围（当地居民、国际上或美国本土）反对，从而导致失去其行动本身固有的合法性，限制其在维护未来国家利益问题上选择使用军队作为一种策略。精明的对手很快认识到这些限制，并且寻求形势朝着有利于自己的方向发展。

在 1987—1993 年之间巴勒斯坦人以一种松散组织形式对抗，在抗议以色列占领的冲突中，他们点燃汽车，用石块投掷以色列国防军。以色列军队尝试性地使用了非致命性武器，但是由于技术水平低，效果不好，也证明非致命性武器还不适于制止逐步升级的群众骚乱。后来，以色列国防军使用了致命性武器，造成平民伤亡，引起了国际社会反对以色列的浪潮。平民武装仅仅是使用军队从一个国家夺取政权的铺路石，这一点早已在以前的一系列以军事占优的常规冲突中得以证明。使用传统的武器装备很难要求指挥官在完成任务、开展部队防护和保障非战斗人员安全之间交替决策。我们可以放松参与的尺度，通过增加使用火力的自由度，增强任务完成效果和部队防护，但是这会减少非战斗人员的安全性。相反，当通过限制使用武力增加非战斗人员的安全性时，部队就可能付出更大的代价，完成任务的难度也增加了。

非致命性武器为指挥官面对各种使用致命性武器情况时，提供多种作战方法。非致命性武器允许美军灵活机动地使用武装部队，减少非战斗人员伤亡的危险，而且这种作战样式同时起到了有效完成任务、保护部队的作用。因为在较低危险情况时，使用非致命性武器，指挥官能对遭遇的危险情况更快地作出反应，这将使美军保持主动权，减少自身伤亡。一种强大的非致命性能力将帮助部队实现完成任务，保障非战斗人员安全和保护部队之间的平衡。在日益复杂和动荡的国际环境中增加了美国把军队作为一种推行其政策的有效且恰当的手段。

3 指导准则

在《美国非致命性武器的联合概念——非致命性武器发展指南》报告中，指出了非致命性武器的作用，概括为以下几点：

指导准则对美国的非致命性能力发展研究将起到确保其研究方向、明确重要作用、有效利用资源等作用。这些准则能够应用到非致命性武器的许多方面，包括预期武器的特征性能及它们的使用政策。作为指南，它们是不排他的，既不会约束军队的权利，也不会限制（美军）部队考虑自卫所作出的反应。相反，它们将是未来非致命性武器在武器装备、条令、组织、训练、培养指挥官和后勤领域的需求与能力发展方面的关键性思路。

3.1 高技术的杠杆作用

可能产生非致命性军事能力的技术涉及很广的领域。目前已经使用了许多年并且取得了不同程度的胜利的非致命性武器技术多是属于这一领域中低水平的技术。这些武器包括：防暴警棍、胡椒喷剂和橡皮子弹，他们的优点是简单，缺点是他们缺少武器远距离投射能力，而且他们的使用仅限于逼近的、面对面的对抗和防暴行动。

寻找可能用于非致命性武器能力的先进技术要求具有主动性创造性思维。美国国防部非致命性武器探索研究小组鼓励寻找非传统的概念。我们进行实验性、发展性的探索研究，只能仅被物理定律可能性的限制束缚，如若将人为的、不必要的限制强加给我们的思想，会影响非致命性系统的使用。在电子学、声学和毫微技术方面的探索，可以提供调查和应用非致命性武器的高效途径。

3.2 提高作战能力

创造新能力的目的是在准备和实施过程中不断改进。当一名战术指挥官使用先进技术生产的非致命性武器的价值，远超于指挥官的利益，这种非致命性武器能力就不能发展。非致命性武器不能造成过度负担。相反地，它们应该增强指挥官完成任务的能力。提高作战能力是研究、评估、生产、发展和使用非致命性武器的中心问题，是所有非致命性武器发展的指导准则的核心。

非致命性武器必须为指挥官提供一种影响战术形势的、适应性强的、可靠的能力。它们应该能够与任务需求相称，指挥官们因此能够在整个战场空间使用非致命性武器。非致命性武器应该是不容易被对手摧毁，但是如果必须使用这种非致命性能力，即使在战场上这种能力的使用使一些对手受到伤害也是无可厚非的。在特定的环境下，这么做的利要大于弊。

总体来说，非致命性武器必须是与现役的中型常规性武器系统互补且易组合使用的目的在于增加作战效能，而不是给部队和指挥官造成负担。国防部非致命性武器计划提出非致命性武器未来的作用包括以下 4 点：

第一，在战术水平上，非致命性武器像常规武器一样对目标的打击必须立即获得预期效果，或者接近有效，并对友军不会有负影响。非致命性武器要设计成便于单兵携带使用，并要求绝对最少增加武器负载，便于作战使用和保养。由改进现有的武器系统制造出的非致命性效果的武器更受欢迎。尽可能使用现有车辆和一般用途飞机，不用大面积改型。如果非致命性能力要求对现有的武器系统改型，这种改型坚决不能降低它们装填上致死性弹药的打击能力。

第二，在现有编制级别下，必须减少装备非致命性武器对人员编制体系的影响。非致命性武器系统不能过分增加新军职专业的设置，或者说只能有限地调整用于非致命性武器的使用和维护的新的编制。同样地，非致命性武器的使用和维护保养也不应该要求指挥官明显改变他们的部队的编制或将部队人力资源相当比例用于使用非致命性武器。

第三，非致命性武器的训练必须准备融入其他个人和部队训练。非致命性武器的战术训练应该设计在简短的个人和部队训练之后，并且不能严重影响部队执行其他训练任务，分散部队精力。不可避免地，更复杂的系统可能需要更大的训练投入，但是这仅限于少数关键人员。武器和弹药必须用于实弹训练，而且安全要求必须和多数实弹训练的要求相一致。非致命性训练目标或设备必须提供真实和有效的训练，包括在部队对部队演习中提供使用。

第四，非致命性武器维修保养的条件在理论上应该与其他装备部件一致，个人和集体的保障支援程序应该不需要额外管理或者进行大量的系统专门测试和配备专门修理器材。

3.3 增强致命性力量

欲解决危机所投入的兵力从传统上涉及致命性武器的使用及这种使用所造成的明确和不明确的威胁等方面。军队首先是为了这种目的而训练好、组织好和装备好的，一支仅使用传统军事武器装备的军队为屈服对手通常仅有两种选择：陈兵于战场或者真正使用致命性武器。这两种选择都是没有中间办法的极端手段。我们不得不把使用致命性武器造成对手严重伤亡这一后果强加给自己。现在非致命性武器为对手提供了更加广泛的选择手段。武器使用上更广泛的选择使得指挥官能在执行任务时灵活地决策。当环境不适于使用致命性方法时，非致命性武器的使用将为国家军事战略提供灵活和有选择的战争形式。

由非致命性能力提供的更广泛的、可选择的作战方法增加了致命性武器的使用效果，而不是取代它。当情况需要时，致死性武器对指挥官来说，必须永远保持可使用。国防部有关非致命性武器的政策指出："非致命性武器的使用不能限制指挥官原本在自卫时采取的所有可使用的方法和必要手段的权力和意志"。现有的非致命性能力不会产生非致命战争。那种对非致命性武器作用的不现实期望必须坚决避免，当使用武力时，不管致命性武器是否使用，非战斗人员伤亡，包括严重受伤和致命仍然存在，而且是不可避免的。非致命性武器仅仅是增加了作战行动的灵活性，并且增强了在友军与目标交战时的部队防护，减少了有限的非战斗人员伤亡和间接损失。

增强致命性力量这一准则是任何期望使用非致命能力的作战行动计划和执行的基础。交战原则必须是清晰连贯的，必须明确建立非致命武器是作为部署部队的额外选择。非致命武器可用于限制对非作战人员造成可能的死亡和严重伤害，或者在某些情况下对敌人造成过分伤害等特殊目的。在保持使用致命性兵力的能力的同时，必须永久保持一种在瞬时自卫的固有权力及指挥官在任务和环境需求时固有的责任。

此外，指挥官和公共事务官员必须安排回答有关非致命武器目的的宣传问题的工作人员。作战经验表明，这种神话般的能力能够诱发公众传媒明显的兴趣，参加记者招待会接受采访的人员必须讲清非致命性武器的作用，让大家必须清楚地意识到现在的非致死能力决不能取代使用致命性武器的选择。这种姿态既要威吓可能的敌人，又要避免被媒体误解。

3.4 提供“变阻器式”的能力

认识到非致命性武器的全部潜能，使它们能够发挥各种不同的作用，非致命性武器的这种特性“变阻器式”或“可调”特性将允许指挥官自由增加或减少在执行任务时非致命性武器发挥影响和作用的程度。“变阻器式”能力为获得一种完全的部队统一体提供了必要的作用范围。它并不需要单个非致命性武器具有这种“变阻器式”的能力（尽管这也是有用的），需要的仅是所有非致命性武器作为一个整体提供这种能力。

3.5 战术应用的重点

非致命性武器已经有了广阔的用武之地，国防部非致命性武器的研究重点将集中在那些首要设计用于战术水平的武器系统。这种差别不排除在环境许可的条件下，使用非致命性武器达到作战目的和实现战略目标。它的目的是通过重点研究战术能力确立非致命性武器发展方向。

战争的战术水平是属于交战和战斗的领域。从这一概念的目的来看，这里假设战争的战术水平包括由联合特遣部队（JTF）的指挥官和他的下级指挥官们采取的决议和行动。

处于这种环境的部队要经常面临的情况就是难于区分敌人和非战斗人员。必须在这种困难情况下立即做出决定的指挥官通常是初级指挥官，正因为如此，非致命性武器具有了被使用的最大可能性。国防部非致命性武器计划将因集中重点发展非致命性武器的战术应用而获得最大的利益。

3.6 促进远程作战

美国军队随时准备干涉世界任何地方发生的军事冲突。部队对于在有限的战略空运限制下的这种快速部署作战表示乐观，要求战斗力具有远征的能力。远征能力包括许多方面，它被定义为一旦接到通知立即部署和执行战斗任务的能力和在非常环境下无限制地连续执行任务的能力，其中包括部队的机动性、耐久性和持续性。

指挥官要在战场中保持有益和适当的权力，非致命性武器必须是机动的，能够用极短时间赶到冲突地点，而不会造成主要后勤保障困难或进行复杂的费效比分析。战略机动性要求一个小“脚印”，减少战略空运资源的负担；作战机动性要求部队在作战威胁中快速移动；战术机动性要求动用的部队在不过分负担编制资源或人员的情况下输送的自由。指挥官们必须能够在不牺牲其他关键的进攻性与防御性能力和选择手段的前提下部署及使用非致命性武器。总体来说，机动性不仅指武器和施放系统的机动性，而且还指运输弹药和保障装备的机动性。

耐久性要求具有持续发展的非致命性能力。非致命性武器在最严酷的条件下和战场艰苦条件下使用时，必须确保设计的可靠性。有关的保障装备必须像武器系统本身一样耐用。放宽“持久性”这一指标要求是危险的。日常维护和正确的保养非致命性武器必须是实用有效的，不能到战时采取撤换装备的办法，和其他用于储存和运输的弹药相比，后备弹药必须有一个较长的保质期，且性能必须是稳定的，而且使用一般弹药处理程序，便于由未改型的战斗车辆和飞机运送。

3.7 保持政策的可接受性

许多非致命性武器采用了高新技术，其中许多没有在非战争军事行动中检验过。相反，这样的武器无须像我们发明武器家族的其他成员那样经过同样的详细调查检验就能使用。一些被推荐的非致命性武器可能会被有关法律和政策所禁止。因此，对所有非致命性武器的研制发展必须由有关政府部门评估以确保其遵守战争法律、美国宪法和美国参加的条约等。例如，化学武器，必须用化武公约的条款加以评估。20 世纪后期使用的多数最普通的非致命性武器是那种被设计成暂时使人员失能的化学防暴剂。后来也出现了新的具有装备失能特性——反物质特性的新化学战剂。这种能力没有明确的法律先例，需要仔细研究和评估。

非致命性武器也必须经受社会考验。正如为保护国家利益动用军队这一基本决议通常引起公众密切关注一样，使用部队的方法同样有待于检验。就人类使用的所有武器来说，非致命性武器的效果通常能被社会所接受。在许多情况下，国际社会和敌对国家也会有同样的考虑。即使非致命性武器被设计成具有最小的致命性和严重伤害性，但是一些非致命性武器，还有它们造成的效果，由于宗教和文化原因，对大众和中立国来说仍具有进攻性，它们的使用将被限制。

3.8 在反人员效应中提供可逆性

传统的军事武器作用于目标会不加区别地造成伤亡。非致命性武器应该设计成它们对人员的效应是可逆的（但具有反物质效应的武器不能要求可逆）。例如，非致命性武器会引起暂时性的迷惑、行为迟钝、疼痛或丧失知觉，这些都符合国防部非致命性武器研究的标准。

关于非致命性武器反人员效应的可逆性机理是一种简单的时间推移。在多数情况下，人们会希望非致命性武器的影响持续几分钟或数小时。为了保持提供“变阻器”式能力，人们将研究发展一种

“持续效应”的武器，持续效应也可通过对同一目标反复使用获得，当然这种反复使用必须是足够安全的，或者仅是微不足道地增加了可能造成的严重和永久伤害。有一些新技术可以只用一次就能造成这种对人员的持续失能效应。

一些人提议发展非致命性武器能力应该要求对用于可逆效应的药物或其他解毒药进行管理。但是，需要医务人员介入和投入其他的资源会增加战场指挥员的负担。这种能力也只能在其特定的使用环境下使用。一般来说，它们弊大于利。

3.9 在军事作战以外的范围应用

军事冲突根据其目的不同、特性不同和强度不同，体现出各种各样的特点。军事冲突依据战斗的本质分为低强度、中强度和高强度冲突。非致命性武器可用于多种范围的军事行动，既包括常规的战斗，也包括许多属于非战争的准军事行动。因此，我们必须研究如何把非致命性能力应用到各种各样的情况中去。

在非战争准军事行动中使用非致命性武器已经被广泛认同，如在这种行动中，会经常出现非作战人员卷入暴力冲突。在这种形势下，非致命性武器提供给指挥官一种可以使形势朝着有利的方向发展，减少非战斗人员伤亡和额外损失的能力。而且，减少对人员严重伤亡危险的需要不仅限于非战争准军事行动。非致命性武器的战术应用可以存在于任何军事行动中，如在城市地形（城区）军事行动中，一些当地人可能处在城市战斗之中。对这种问题传统的解决办法是实施严厉措施。非致命性武器可为指挥官处理这种问题时提供更多的灵活性。采用不必增加伤亡的、较温和的交战原则，这种允许使用非致命性能力的原则为下级提供了自由使用适当的军事力量以便在完成任务的同时减少伤亡和额外损失的机会，如城市反狙击战。另一种可能的作战包括“和平强制”任务，非致命性武器充当了“地域拒止”的角色，这就是既不使用暴力也不使用致死性武器。在常规作战中，非致命性武器可以用来抓“舌头”。即使在仍是传统致死性武器占主导的主要战斗中，也不排除有使用非致命性武器的机会。例如，作为作战策略的一部分，用非致命性武器使处于密集地带的敌人失去活动能力。

4 核心能力

非致命性武器的核心能力是使部队获得作战胜利的基本能力。一种非致命性武器能力为防护友军和不使用致命性武器对付敌人及非作战人员的行动提供了一种灵活机动反应的方法，并且能最大限度地减少额外损失。非致命性武器的核心能力可分成两大类，即反人员能力和反物质能力。

4.1 反人员能力

非致命性反人员能力是指使用军队控制人员行动，并在完成任务时减少非作战人员致死的危险或严重伤亡，甚至在某些情况下，减少敌人的伤亡。为了达到这一目标，必须寻求一些特殊的非致命性反人员能力。

第一，要发展用于控制集聚人群的非致命性武器能力。这将包括影响敌对人群的和暴徒行为与活动的方法，这两方面有许多相似之外，但每一种情况都是一种独一无二的挑战，这些挑战需要有不同的解决办法。

第二，要发展使个人失能的非致命性武器能力。这种能力将提供一种捕获特定个人的方法，如那些骚乱的暴民或要搜捕的敌人。因此，将实验一种不影响邻近其他人的只对个人失能的武器。“失能”是造成人员身体失能和神经系统失能，不能给友军造成威胁。为了符合非致命性武器的指导准则，这种失能应该是暂时、可逆的，经过一段时间能够自我恢复的，可以采用一些其他技术组合获得这种能力。例如，可以为敌人设计一种鱼网式装置。

第三，需发展阻止人员进入某一地方（陆地、海或空中）非致命性武器能力，这包括使用物理障碍或引起进入禁区的人员不舒适的武器系统。这种非致命性地域阻止技术可能会免除一些常规的陆地和海岸的限制，同时将为包括中、高密度冲突在内的任何形式的军事行动阻挡计划提供新的、可能的作战方法。

第四，需发展清理设备的非致命性能力。这种能力将减少非战斗人员伤亡和额外损失，使城区军事行动（MOUT）变得容易，同时减少敌人在建筑群中防守的优势。

4.2 反物质能力

非致命性反物质能力能够通过使用非致命性武器降低或消除敌人的作战能力来增强自身的作战能力。日益发展的非致命性反物质能力能够在适当条件下使易燃易爆物质失去爆炸性，从而使多数常规毁灭性军事方法失去作用。例如，要先发制人地打击侵略国家，可是从政治上讲不接受使用常规性武器,因为它们会带来高伤亡率。现在有了非致命性反物质能力，较好地解决了这个问题。一个侵略国家因为仅仅使用了攻击其武器系统和后勤永久性防御基地的方法威胁其邻国，从而远远降低了政治风险。

美国军用非致命性武器主要集中发展以下两种专门的反物质能力。

一是地域阻止能力。这是一种阻止车辆进入某地域的非致命性能力。武器系统适用于轮胎式、履带式和气垫式车辆，方法可以包括物理路障、在系统作用范围内阻止车辆行进和迷盲干扰系统，还可以设计出相似的海域阻止和空中阻止系统。这些阻止系统都能够影响军舰或飞机性能的发挥。

二是能够中和特别装备与设施的作用，或使其失能的非致命性武器能力。这种能力来源于分类广泛的针对各种不同打击目标的非致命性武器装备型号，如生产出燃料熄火剂、胶黏剂或者减少车辆运行摩擦力的润滑剂等。还有其他一些可以引起橡胶腐蚀、袭击油路、腐蚀水管道、垫圈和绝缘设备的武器技术。一些反物质非致命性武器，胶黏剂可以粘住马路表面的车轮或履带，粘住车舱门和出口。使用电子、化学或声学系统，可以引起发动机熄火，在不伤害操作人员的情况下干扰关键装备的核心部件工作等。另外，还有可以用于海、陆、空的非致命性地域阻止系统。

5 总结

变迁的历史文化、发展的新技术已经影响到军队的属性特征和军队的作战方式。从某种意义上说，非致命性武器体现了在新的军事和政治环境下最大限度地利用军队力量的一种尝试，它们代表了与这个时代文化变迁相适应的加速发展的科学技术中的先进部分。

今天，美国军队正在几十年前近乎不可想像的作战环境中完成其任务，在这种新环境下，使用或威胁使用武器不再是一些危机和问题的最佳解决办法。高层领导人面对的是选择一种新的、正确的维护国家安全利益的军事角色。作战指挥官必须尊重这种公众意向，并且通过有限度地使用武力，寻求达到国家政策目标。基层指挥官必须尽可能使用危险少的方法执行任务。

在这个复杂、变化的现代社会，非致命性武器为增加使用军队的机会提供了可能，非致命性武器——一种在各种不同战术环境下和整个冲突范围以外，使用可选择军队兵力的能力为部队机动成功提供了可能，并将成功地应付今后的挑战。

附录 2 化学非致命性武器发展概况

1 前言

非致命化学武器是非致命武器的一种类型，即是以化学制剂为内容，通过一定的施放方法，实施于特定空间而形成战斗力，致使这个空间内的人员丧失活动能力，但不导致人员死亡。经典的定义为失能性化学制剂（Incapacitating Chemical Agents，ICAs），简称失能剂。尽管某些国家和北约等多边组织试图对 ICAs 的特性进行表征，但因致死与非致死的界限在技术上没有明确的界限，目前尚无国际公认的这类化学制剂定义。例如，禁止化学武器公约组织（OPCW）提出的生物与化学威胁谱图中的所有物质，在一定剂量下都是可致死的，如附录表 2-1 所列。

附录表 2-1 OPCW 提出的生物与化学威胁谱图

经典化学武器	工业和医药化学品	生物调节剂和肽类	毒素	基因改造生物武器	传统生物武器
血液性（全身性）毒剂 糜烂性毒剂 窒息性毒剂 神经性毒剂	芬太尼 卡芬太尼 瑞芬太尼 埃托啡 右旋美托 咪定 咪达唑仑	神经递质 激素 细胞因子	葡萄球菌肠毒素 B 肉毒杆菌毒素 蓖麻毒素 石房蛤毒素	改性的细菌和病毒	细菌 病毒 立克次氏体 炭疽热 瘟疫 兔热病
化学武器公约（CWC）					
		生物和毒素武器公约（BTWC）			
				感染	
毒物					

在 2012 年 1 月瑞士 Spiez 实验室的一份报告中得出结论:“由于(非致命)ICA 与更具杀伤力的化学战剂之间没有明确的界限，因此难以轻易做出具有科学意义的定义。人们可以描述几种可用于‘使人丧失能力’的毒理学效应,但原则上没有办法在ICAs和致死剂之间划清界限。”一般认为是指在造成长期但非永久性失能的物质，包括产生意识丧失、镇静、幻觉、语无伦次、麻痹、定向障碍或其他类似效果的中枢作用药物。《禁止化学武器公约》签署和实施后，ICAs 作为战争手段已被严格禁止，但却被冠以“防暴剂”（Riot Control Agent，RCA）登场。但化学 RCA 要求不是长期效应，而是短期、暂时性的失能效应。

有各种各样的物质可以作为 ICA 武器的候选药剂。美国宾夕法尼亚州立大学（PSU）应用研究实验室和医学院于 2000 年发表的一项研究，通过大量的文献追踪调研和试验评估，确定了一系列药物类型，研究人员认为这些药物类型有可能用作 ICA 武器，其中包括麻醉药、骨骼肌松弛药、阿片类镇痛药、抗焦虑药、抗精神病药、抗抑郁药和镇静催眠药，如附录表 2-2 所列。这些物质中有许多已被医疗或兽医专业人员合法地用作镇静剂或麻醉药。

附录表 2-2　可能用作 ICA 武器的选定特征药物类别和化学品

精选药物类别	举例	作用位点
苯二氮卓类	安定 咪达唑仑 依替唑仑	GABA 受体
Alpha2 肾上腺素能受体激动剂	右旋美托咪啶	α2-肾上腺素能受体
多巴胺 D3 受体激动剂	普拉克索 Cl-1007	D3 受体
选择性 5-羟色胺再摄取抑制剂	氟西汀 WO-09500194	5-HT 转运蛋白
5-羟色胺 5-HT1A 受体激动剂	丁螺环酮（Buspirone） 莱索皮隆（Lesopitron） MCK-242	5-HT1A 受体
阿片受体和 Mu 型激动剂	吗啡（Morphine） 卡芬太尼（Carfentanil）	Mu 阿片受体

续表

精选药物类别	举例	作用位点
神经肽麻醉药	异丙酚 氟哌利多和芬太尼的组合 苯环利定	GABA 受体 DA、NE 和 GABA 受体 阿片受体
胆囊收缩素 B 受体拮抗剂	Cl-988 Cl-1015	CCK-B 受体

2012 年 10 月俄罗斯莫斯科剧院的反恐行动，促进了 ICA 武器的开发和使用，向着不造成死亡或永久伤害的情况下，迅速使个人或群体完全丧失能力的方向发展。在各种军事行动中，特别是在战斗人员和非战斗人员混合的情况下，ICA 武器也已被提出作为一种可能的作战工具。

禁化武组织总干事召集的一个高级别专家小组，在 2011 年的报告中指出："执法、反恐、反叛乱和低强度战争之间的区别可能会变得模糊，某些类型的化学武器（如 ICAs）似乎可以为无法轻易区分平民和战斗人员的作战提供一种战术解决方案。

由于《禁止化学武器公约》文本中的模棱两可的概念，ICAs 正在许多争议中发展。作为防暴武器的发展，特别是莫斯科剧院反恐行动取得的成功，ICAs 已获得许多国家和组织的认可，但也有少数一些国家反对，更多的是担忧：一是"失能剂的使用合法化"可能导致《禁止化学武器公约》的制度和规则被破坏；二是 ICA 武器不可预测的扩散及使用范围的界定；三是非国家行为体的滥用。然而，ICAs 来源于治疗人类或牲畜疾病的药物，人们不能因某些担忧而阻碍人类的医学进步。

当前，革命性的科学和技术的进步，对开发更有效、更安全的药物来造福人类方面呈现了巨大的发展潜力。相关科学和技术的进步，对人类行为的深刻理解和持续启发，是寻找和发展具有潜在武器用途和适合 ICAs 技术的源泉。由此，ICAs 的发展，恐怕已经不可逆转。

2　各国ICA武器的发展概况

从20世纪40年代后期，一些国家的军事、安全或警察和有关的国家决策机构就已经开始探讨了ICA武器的潜在用途。据报道，在1993年《禁止化学武器公约》签署之前，ICA武器就已经进行过研究和试图发展，或在某个阶段已经获得此种武器。这些国家包括阿尔巴尼亚、中国、伊拉克、以色列、南非（种族隔离时期）、苏联、英国、美国和南斯拉夫等。然而，历史上各国ICA武器研究与发展（R&D）计划所公开的细节十分片面，也不可靠。

迄今为止，只有美国公开宣布曾经发展作战用途的ICA武器。美国所发布的信息表明，作为具有武器实用性的潜在ICAs，所涉及的化学品范围很广，品种繁多，几乎每一种可以想象得到的造成军事失能的化学技术都曾尝试过。1953—1973年期间，在前身为美国陆军化学防御医学研究所的实验室里，对其中许多类型的化合物进行了实验和讨论，并对重点目标进行了系统的评价测试。特别是对作用于中枢神经系统的化学物质，进行了最深入的研究。所涉及的药物归为以下四类：兴奋剂、镇静剂、致幻剂和精神错乱药。精神错乱药被认为最有可能被用作军事失能剂，它是一类抗胆碱能药，美国已经做了详细的研究和描述。其中一种是BZ（二苯羟乙酸3-喹咻酯），已被美国武器化。美国制造了约60000kg的BZ，1964年，美国军火库中出现了两种失能炸弹，分别是175磅（79.4kg）的M44集束炸弹和750磅（340.2kg）的M43集束炸弹。

从1955—1975年，美军对其他具有潜在武器用途的ICAs进行了广泛的研究，其中很多都是在美军志愿者身上进行测试。美军从20世纪70年代开始，寻找一种高效、多途径的失能剂，并在70年代后期，发展了引起运动功能障碍、瘫痪、麻痹等较强神经抑制作用的先进的 ICAs：取代羟乙酸类化合物 EA3834，并建立了一个生产 EA3834 的试点工厂和一个 XM96 66mm ICA 火箭弹头的填充设施，尽管这些弹药似乎没有进入美国军械库。然而，由于 EA3834 的先进性，使得 BZ 在美国军械库中移除，最终在 1988—1990 年间被焚化销毁，BZ 归档工厂随后于 1999 年也被销毁。

虽然美国 ICA 武器计划的重点是医药化学品，但有迹象表明，毒素也被视为潜在的 ICA 武器，特别是金黄色葡萄球菌产生的葡萄球菌肠毒素 B（SEB）。SEB（也称为 PG 和 UC 剂）是一种超强的失能剂。高剂量、微克水平的 SEB 暴露将会导致死亡，而吸入毫微克或更低水平的 SEB 则可能导致严重的失能。然而，没有 SEB 武器化证据。1970 年，美国暂停了所有此类攻击性毒素武器的研发。

2008 年，美国国家研究委员会（NRC）发布了一份关于新兴认知神经科学和相关技术的报告，其中强调了当前和未来可用于 ICA 武器化的几个研究领域，包括“医用药物，特别关注更有效的芬太尼衍生物和吸入麻醉效果”。

苏联和俄罗斯也一直潜力发展 ICA 武器，但没有任何公开的资料和迹象有所表露，直到莫斯科剧院反恐行动中动用 ICAs。种种迹象表明，在莫斯科剧院事件之后，俄罗斯研究人员继续从事与潜在使用 ICA 武器有关的工作。2003 年，Klochikhin 等人在第二届埃特林根（Ettlingen）非致命性武器专题研讨会上发表了一篇论文阐述：“2002 年在莫斯科，我们获得了在恐怖分子袭击的恶劣环境中，使用毒气的一些经验……。主要问题是如何在具体情况和实际使用条件下，评估化学品对一大批平民和恐怖分子的影响。”Klochikhin 等人在2005年5月第三届埃特林根非致命性武器专题研讨会上描述了一种计算机建模的场景：雾化的化学“镇静”剂被引入一幢劫持人质的大楼。模拟计算结果表明，大多数人质可能严重中毒，部分人质会死亡。如果没有其他解决方案，这就是释放失能毒气的代价。文章指出:“如果要绝对消灭恐怖分子,并防止大规模杀伤性(死亡),所使用的药剂必须达到95%的效率，否则的话，就没有机会消除严重后果和死亡。”但是“解决化学非致命性武器的真正问题相当困难。这需要积极的努力，开发可靠的技术和数学工具来计算各种场景下药剂发挥的性能情况……要完全解决这些挑战性问题，需要许多科研小组在几年内进行大量密集的工作。”

由此可见，俄罗斯目前似乎一直在努力开发效能更高的 ICAs 和计算机模型。2009 年 11 月，Klochikhin 和 Selivanov 在伦敦的一次会议上利用计算机进行“镇静剂应用的有效场景”的 3D 模拟，并利用现有的“镇静剂”医学数据和描述封闭空间中“气体”运动性质的物理数据。2012 年，Riches 等人在一篇论文中强调了俄罗斯在此方面相关的进一步研究迹象，他们指出:“俄罗斯官方发表的科学论文表明，他们对芬太尼的兴趣可以追溯到 12 年前，即阿片受体研究、芬太尼分析和芬太尼前体的合成。”迄今为止（2015 年），俄罗斯联邦没有提供关于莫斯科剧院围困战中使用的化学或化学武器的进一步详情，也没有提供关于俄罗斯联邦目前是否拥有 ICAs 武器化库存的资料。

英国政府公布了文件，详细记录了该国在 1959—1972 年间为军事目的开发 ICA 武器的尝试。有迹象表明，ICA 的研究一直持续到 20 世纪 80 年代，虽然还不知道这种活动的性质和目的，但没有证据表明英国此后有一个军事用途的 ICA 武器发展方案。

2000 年，捷克军方资助了一项名为“用于紧急情况的镇痛—镇静剂和麻醉剂—镇静剂”(MO 03021100007)的研究项目，由 Purkyne 军事医学院的 Fusek 博士领导。虽然这项研究的细节内容尚未公开，但 Fusek 博士的一位同事透露“这些研究的主题是在灾害医学中、特定条件下的麻醉和镇痛，以及作为非致命武器的麻醉药的潜在使用。”随后，Fusek 等人在 2005 年 5 月初的第三届埃特林根（Ettlingen）欧洲非致命武器研讨会上发表了一篇论文，描述了他们在过去几年里对可能被用作“药（理）学非致命武器的化学药品的研究”。作者报告了用各种“药物鸡尾酒”给恒河猴用药，以确定哪些组合和剂量会导致“完全可逆的运动失能”。作者给出了两组镇痛镇静组合：右旋美托咪定、咪达唑仑和芬太尼；右旋美托咪定、咪唑安定和氯胺酮。它们分别在 10 名护士身上试验。后来研究人员还研究了一些替代的给药方式，包括最初在大鼠身上实验的吸入给药。随后利用包括儿童在内的人类“志愿者”进行吸入实验。2007 年，Hess 等人在第四届 Ettlingen 欧洲非致命武器研讨会上发表了一篇论文，其中研究人员描述了他们如何“决定测试新的药物组合，以抑制或完全消除猕猴的攻击性行为”。接着，“所有测试的组合均导致猕猴减少或完全丧失攻击能力。最佳组合为萘美托咪定+氯胺酮右旋异构体+透明质酸酶。该配方的效果是作用迅速，达到了低运动镇静动物的完全可操控性。”此外，研究人员认为：“研究结果可用于治疗精神疾病、恐怖袭击和安抚攻击性人群”。但是，捷克《禁止化学武器公约》国家机构明确宣布：“这项研究与制造可用于军事或警察目的的武器或装置没有任何联系”。

印度国防研究与发展局（DRDE）和国防研究与发展机构（DRDO）对阿片类药物芬太尼及其类似物高度重视，组成了专门的研究小组，对芬太尼及其类似物的合成、气溶胶化和生物功效开展了广泛而深入的研究。2005 年，DRDE/DRDO 的研究人员 Gupta 等人发表了一篇论文，详细介绍了“一锅法”简单、高效、经济地在温和的和室温条件下合成芬太尼及其类似物的方法，并在 2008 年进行了热重量法技术在芬太尼蒸气压估算和相关热力学性质估算中的应用，并强调了这些数据对于“理解和模拟芬太尼的热气溶胶形成过程的重要性，而反过来这又是开发其气溶胶输送系统所必需的”。2010 年，他们开展了芬太尼类似物的构效关系（SAR）研究工作。随后，在 2013 年的一篇论文中，描述了四种芬太尼类似物的合成方法及其生物效能评估。通过结构修饰，可以降低分子的毒性，同时又不影响其效能，从而达到提高治疗效果的目的。虽然一些已发表的论文强调了芬太尼在医学上的镇痛作用，但 DRDE/DRDO 研究活动背后的具体目的尚未明确，合成的化学物质预期用途仍不清楚。鉴于 DRDO 工作背景是“提高国防系统的自力更生能力，进行设计和开发、生产世界级的武器系统和装备”，不难怀疑其目的。此外，在 2009 年获得正式 DRDO 奖名单中，就有 DRDE 的 Pradeep K Gupta 博士，表彰他“对大规模芬太尼和其他非致死失能药物合成和优化工作中做出的重大贡献”。

伊朗伊玛姆·侯赛因大学（IHU）化学系的科学家探索了芬太尼及其类似物的结构—活性关系，并试图产生稳定、持久的美托咪定气溶胶和其他潜在的 ICAs，他们的工作在 2007—2013 年的论文中有详细描述，这项研究背后的意图以及研究结果可能的潜在用途目前尚不清楚。IHU 在这一领域的首席研究员“对未被化学武器公约禁止的学术和科学化学问题的进展感兴趣”，这项“学术研究是由科技部资助的”“完全是为了科学目的”。秘书还解释说，“IHU 已为其学生和研究人员举办了几次培训课程，让他们意识到……关于《禁止化学武器公约》的相关规定。”

对公开资料的分析表明，以色列在 20 世纪 50 年代中期开始了一项化学武器计划，根据 Knip 和 Cohen 的说法，其中可能包括以色列生物研究所（IIBR）对化学和毒素失能剂的研究。20 世纪 60 年代至 80 年代末，在 IIBR 工作的科学家发表的论文表明，他们对一系列潜在的 ICAs 和/或相关受体位点进行了研究。瑞典国防研究所在 2005 年对以色列的生物和化学计划进行的分析中，得出的结论是：“该国以前发展了进攻性的生物和化学战能力，目前还不可能断定这些进攻性项目是否仍然在进行。”该报告认为：以色列拥有科学技术和工业基础设施，可以根据需要迅速生产和部署具有军事意义的化学与生物武器。我们认为，今天以色列化学和生物能力的重点是为小规模秘密使用开发的，即所谓的“肮脏伎俩”计划。但是目前还没有足够的公开资料来确定，任何以色列实体是否正在研究使用 ICAs 的武器，或以色列是否拥有这类武器的库存。以色列就这一问题没有发表任何澄清性声明。尽管没有特定 IIBR 研究项目的详细信息，但从可获得的有限信息中表明，IIBR 可能正在进行潜在相关的双重用途领域的研究工作。

虽然在冷战期间，人们研究了许多不同类型的失能剂，但随着越来越强调快速行动和短时间内的效果，现在人们的兴趣已趋于镇静催眠药物上，这些药物会降低警觉性，且随着药物剂量的增加，还会产生镇静、睡眠、麻醉和死亡。因此，一系列研究探索了包括阿片类药物、苯二氮草类药物、alpha-2 肾上腺受体激动剂和神经抑制剂等药物的双重用途，它们有作为 ICA 武器的应用潜力。作为药物发现工作的一部分，许多化学物质正在被合成和筛选。具有使人丧失能力的这种特性，使其可能适合用作“非致命”药剂。据报道，一些缔约国正在努力开发用于执法目的的非致命武器，这种武器也可能被认为在反恐或城市作战情况下是有用的。

3 ICAs 在争议中发展

《禁止化学武器公约》第一条第 5 款特别禁止“把防暴剂用作战争手段”，第二条第 9 款有毒化学品允许用于“执法目的，包括国内防暴”。《禁止化学武器公约》对“有毒化学品”的定义：“通过其对生命过程的化学作用而能够对人类或动物造成死亡、暂时失能或永久伤害的任何化学品。其中包括所有这类化学品，无论其来源或生产方法如何”。因此，《禁止化学武器公约》对核查附表中化学品有严格限制。然而，《禁止化学武器公约》并没有对战争手段、执法、国内防暴等术语进行定义或界限，《禁止化学武器公约》将防暴剂定义为“未列入附表中、可在人体内迅快产生感觉刺激或失能生理效应，而此种刺激或效应在停止接触后不久即消失的任何化学品”，以此定义，显然“防暴剂”包含“刺激剂”和“失能剂”，这必将造成了《禁止化学武器公约》文本的模棱两可和灰色地带。

公开资料显示，在 1997 年《禁止化学武器公约》生效后，可能适用于 ICA 武器发展的研究仍在继续，在某些国家可能仍在进行，尽管目前正在积极考虑的药剂种类的范围可能已经缩小。

ICA 武器的支持者和反对者，一直以来处于较劲状态。支持者认为，ICA 武器比起热兵器武器那种撕裂人体的战争场面，ICA 武器更为人道。特别是在劫持人质现场，如俄罗斯人质危机，使用 ICA 武器可以起到其他武器难以获得的效果。因此，在各种军事行动中，特别是在战斗人员和非战斗人员混合的情况下，ICA 武器已作为一种可能的作战工具。Perry Robinson 曾在 1994 年 3 月的《化学武器公约公报》中的文章称，“某些谈判国家，绝不是大多数国家，想让目前为止仅由国家警察部队使用的失能剂在更大的范围使用。”

2002 年 10 月，在莫斯科杜布罗夫卡剧院人质事件中，俄罗斯安全部队使用气溶胶化的 ICAs 来解救被全副武装的车臣分裂分子劫持的 800 名人质。行动基本上是成功的，虽然也造成了 16%的人质死亡，但却有 84%人质得到解救。这种 ICAs 是速效阿片类芬太尼衍生物的混合物，其成分至今仍没有得到确切的答案。但英国国防科技实验室（DSTL）的研究人员对莫斯科剧院围攻幸存者的衣物和尿液进行微量分析，结果是卡芬太尼和瑞美芬太尼两种麻醉剂的混合物，但更多的认为是卡芬太尼或舒芬太尼，直到今天，公众仍然对使用的何种化学制剂半信半疑。

非政府武器控制专家及法律专家在关于俄联邦的行动是否违背《禁止化学武器公约》的问题上意见分歧，但“大多数分析家认为俄罗斯使用芬太尼衍生物是符合《禁止化学武器公约》第二条第 9 款的”。一些政府，如美国，破天荒地支持俄罗斯的行动。在 2002 年 11 月 18 日的新闻发布会上，美国总统乔治·布什说“人们试图责怪弗拉基米尔（普京）……他们应该责怪恐怖分子，是他们导致了这次事件……800 人将会失去生命……这些人都是杀手，就像那些来到美国的杀手一样。一个共同点，即意愿为了所谓的事业而去夺走无辜生命的任何人，都必须得到处治。”北约研究与技术组织也称：“尽管好像看起来 800 名人质的 16%死于‘气体’暴露，但仍有 84%存活。我们不知道另外的策略能否给出一个更好的结果。在这种背景下，在挽救大多数生命方面，使用‘睡眠气体’或‘镇静剂’或‘失能剂’是一个新的勇敢的尝试。这次反恐行动从另一方面证实‘非致命’武器不总是非致命的。……在人质营救形势下使用化学失能剂看起来是可以接受的，但是只有当人质的生命受到威胁，且形势紧迫，在时间、地点和设计人数方面都不允许更多的选择的时候。”

2008 年 4 月，英国国防大臣 Des Brown 在接受采访时陈述英国政府立场：“《禁止化学武器公约》清楚地规定有毒化学品可用于执法目的。政府当时就明确表示，2002 年莫斯科剧院解救人质期间使用失能剂是《禁止化学武器公约》允许的。我不清楚哪个缔约国表达了不同观点。”

Hess 等人在北约研究技术组织（RTO）主办的一次国际会议上

指出： 2002 年 10 月，在俄罗斯莫斯科杜布罗夫卡剧院的一次恐怖袭击中，我们看到了这不仅仅是科幻小说。反恐突击队使用芬太尼气雾剂或其衍生物对付车臣恐怖分子，使其无法伤害他人。进而，他认为“在日常麻醉学实践中使用的许多药剂，均可以用作药物非致命武器。“熟悉这些药物的药物代谢动力学和药效学的麻醉师，也熟悉这种用法。因此，他或她可以在打击恐怖主义中发挥作用。”

但是，新西兰、挪威和瑞士三个缔约国明确持反对态度，特别是瑞士，宣称“按照最近的经验，应重申化学武器是完全禁止的，无论致命与否，也无论其前体或成分列于《禁止化学武器公约》附表与否……”。然而，随后的审议大会以及第二次审议大会的任何公开会议上，《禁止化学武器公约》缔约国都没有对失能剂问题取得一致意见。

莫斯科人质事件的顺利解决，加剧了对 ICA 武器开发和使用的担忧。特别是 ICA 武器的反对者，对 ICA 武器的开发和利用表示了不安：ICA 武器的逐渐合法化和规范化必将削弱对禁止毒物武器化的准则。Perry Robinson 描述了“今天形成的反对使用化学/生物战武器的制度，如何避免使用毒药或传染病作为作战手段，重点是获得国家基本行为规范的力量和影响力。如果破坏这个规范，如断言这种或那种形式的毒性实际上不是它的一部分，这种制度的基础可能会被削弱。”因此，Perry Robinson 认为，某些国家，特别是美国，以前曾试图使 ICA 武器的发展和使用合法化，这有可能破坏这一规范。Perry Robinson 强调：这种“逐渐合法化”对现有的禁止化学与生物武器以及重新出现的化学与生物战争构成了最大的危险。

另外，许多研究人员和组织强调了在各个国家间扩散 ICA 武器的影响。Alan Pearson 博士指出：“……随着越来越多的国家对这些武器产生兴趣，并注意到俄罗斯和美国在这方面所做的工作，使人丧失能力的生化武器的发展步伐很可能会加快，并使人相信，不仅可以找到有效的、可接受的‘非致命’失能剂，而且可以将它们的使用合法化”。2012 年 9 月，红十字国际委员会（ICRC）警告称，继续发展和使用 ICA 武器执法，“可能对安全造成广泛和不可预测的危险，包括不可避免的扩散”。在这种武器扩散的情况下，“特种警察部队或特种部队，甚至维和等国际行动中的军事力量，都有可能获得此类武器。”因此，“使用这些武器或要求使用这些武器的范围，可能从有限的国内执法到更广泛的军事行动，在这些行动中，执法和武装冲突中敌对行动之间的界限可能变得模糊不清。”红十字国际委员会指出，扩散“很可能发生在各国内部不同的力量之间，以及越来越多的国家之间”。此外，红十字国际委员会认为，这种扩散将是不可预测的，也不太可能统一，因为不同国家可能会开发出“具有不同作用效果的有毒化学品，作为在各种情况下使用的武器”。

ICA 武器的滥用也引起了人们警惕。分析人士强调了 ICA 武器对一系列非国家行为体的潜在效用，包括犯罪分子、恐怖分子、准军事组织和失败国家的武装派别，因为他们不会像国家那样受到国际法的约束，也不会对致命性感到担忧。鉴于迄今为止对此类物质的监管不足，私营军事或安保公司未来对 ICA 武器的使用是另一个令人关注的问题。

许多评论员都认为俄罗斯联邦使用 ICA 武器是成功的，将车臣组织杀害大量人质的失败归咎于ICA的影响，但有人则不这样认为。例如，Wheelis 认为：制剂使得大多数人质和劫持人质者失去知觉（尽管不是全部），但这至少需要花几分钟时间。劫持人质者有时间打电话，男性劫持者有时间离开剧院进入周围的走廊，避免丧失行动能力。女性劫持者有足够的时间引爆炸弹，她们为什么没有引爆，至今仍无法解释，但肯定不是因为药物使她们丧失了行动能力而无法使其迅速采取行动。从这个角度来看，这种药剂是失败的。在随后对作者的采访中，Wheelis 认为，劫持者未能引爆炸弹“当然不是直接由于丧失能力”，可能是由于指挥失误（携带雷管的女性独自留在剧院，而指挥官们则在走廊里与 FSB 作战），或者炸弹可能是仿制品或有缺陷。他认为，使用 ICA 武器是一场愚蠢的赌博，很容易导致灾难，如果在类似的情况下重复，几乎肯定会导致灾难。

虽然 ICA 武器的支持者宣传将其作为“非致命”或“较不致命”武器使用的潜在好处，但医学界和科学界的许多人对利用 ICAs 开发不杀死或严重伤害相当比例目标人群的武器的可行性提出了质疑。2003 年，Klotz 等人开发了一个预测模型，解释了“为什么表面上不致命的失能剂，在实际使用中可能相当致命”。他们指出：我们已经证明，至少在我们简单的（但相当丰富的）双受体平衡模型的近似范围内，即使治疗指数为 1000（高于任何已知的麻醉剂或镇静剂），一种用作失能武器的化学药剂也能导致大约 10%的死亡。

此外，正如皮尔森（Pearson）所指出的那样，即使这样的预测模型也有可能低估 ICA 武器在现实生活中使用时的死亡率，因为在现实生活中，“暴露（浓度和暴露时间不均匀）和目标人群（年龄、体型、性别、健康状况和个体易感性）都存在无法控制的变异性”。基于这些考虑，英国医学协会在 2007 年指出：在没有死亡风险的情况下，人们在战术情境中丧失行为能力的药剂并不存在，在可预见的未来也不太可能存在。这一立场后来得到了一系列受人尊敬的科学组织的重申。例如，2012 年，英国皇家学会（Royal Society）的一项研究得出的结论是：由于目标人群的大小、健康和年龄、继发性损伤（如气道阻塞）和医疗后护理的要求等内在变化，开发一种绝对安全的失能化学制剂和输送系统组合在技术上不可行。也就是说，ICA 武器是在“可接受”的可行性和争议中不断发展的。

4 ICAs 发展潜力及发展方向

失能剂作为化学 RCA，特别是作为反恐及其解救人质行动，对 ICAs 要求非常严苛。一是具有速效、超低剂量、完全可逆性、高安全性、较小的个体差异性等特点。速效，是指需要在极短的时间内使得被实施者丧失行为能力而不能对人质造成伤害。超低剂量，是指具有非常显著的生物活性。完全可逆性，是指药物结合受体不是永久的而是暂时性的，一定时间内可完全自行解除结合，使受体恢复正常的生理功能，不会对人体造成伤害。高安全性，是指要求药剂的效能剂量很小而致死剂量很大，或者说治疗指数非常高，即使在高浓度条件下暴露人员也不致命，因此失能效应的超低剂量和高安全性就显得格外重要。较小的个体差异性，是指被实施者的体质、年龄、性别等差异对实施的化学药剂效能可能不同，此外对于精神性失能药剂，被实施者的精神状况的差异也会导致效能不同。二是药剂的施放方法。作为呼吸道吸入暴露的施放，由于空间中所形成的气雾或气溶胶包括沉降过程中浓度不均匀，如中心和边缘部位，以及空间上、中、下部位，可能一部分被实施者吸入过量的药剂，而另一部分被实施者只吸入少量的药剂。因此，对分散技术和分散手段具有较高的要求，获取完美的 ICAs 是十分困难的，但它是发展方向。

受到正在进行的革命性科学和技术发展的影响，神经科学、生物调节剂、受体研究、系统生物学和相关学科的知识激增，可能会导致发现新的具有生理活性的化合物，这些化合物可以选择性地干扰大脑或其他器官的某些调节功能，甚至以可预测的方式调节人类行为。其中一些新化合物（或选择性递送方法）很可能具有使它们成为新型候选化学战剂的吸引力。

2005 年，Wheelis 和 Dando 调查了神经生物学的发展和未来趋势，并得出结论：有迹象表明，军事兴趣已经转向影响大脑和中枢神经系统的下一代化学制剂。除了能使人镇静或失去意识的药物外，即将出现的具有潜在军事用途的化合物还包括去甲肾上腺素拮抗剂，如普萘洛尔，可引起选择性记忆丧失，促胆囊收缩素 B 激动剂可引起惊恐发作，P 物质激动剂可诱发抑郁等。因此，问题不在于这些能力什么时候会出现（因为它们肯定会出现），而在于拥有这些能力的人会追求什么目的。

2006 年，美国 NRC 发表了《全球化、生物安全与生命科学的未来》报告，该报告得出以下结论：最近在了解生物调节化合物的作用机制、信号传递过程和人类基因表达调控方面取得的进展，与化学、合成生物学、纳米技术和其他技术的进展相结合，开辟了极具挑战性的新领域。事实上，寻找具有潜在武器用途和合适传递机制的候选 ICAs，可能会受到相关科学和技术对人类行为的理解和启发。虽然这些进展具有造福人类的巨大潜力，但许多学者和科学机构都强调了将此类研究用于敌对目的的潜在意义。

2007 年，McCreight 针对“持续的不受管制的军事神经科学研究对（美国）潜在的安全影响”指出：“许多国家进行了合法的和军事相关的神经科学研究。没有约束合法研究的国际准则或规则。没有任何规则或机制来规范、停止或推迟在神经科学方面的军事研究。”然而，现实是制定这类研究的国际准则或规则根本无法实现，因为人们不能因之而阻碍医学进步。“除非我们采取措施，坚持这些研究，否则我们将没有任何保护或保障。”因此，对于这类“双用途”药物（医用和军用）的开发研究，《禁止化学武器公约》是无能为力的。

针对现有的失能剂分散技术的缺陷，在发现或合成潜在失能剂方面的进展，以及与粒子工程和纳米技术发展同时出现，纳米技术可以将具有生物活性的化学物质输送到特定的目标器官或受体。2008年，美国国家研究委员会关于新兴认知神经科学和相关技术的报告，强调了这一研究的意义，报告警告说，纳米技术可以用来克服血脑屏障，从而使药剂进入大脑。纳米技术还可以利用现有的传输机制，将这些物质类似于特洛伊木马传播到大脑中。2008 年的 NRC 报告还着重指出了纳米技术或气相技术发展所带来的潜在威胁，这些技术可以使强效化学品在更大范围内扩散。报告指出，“药物制剂没有被用作大规模杀伤武器，因为其大规模部署是不切实际的，以及不可能为战斗人员提供有效剂量。”该报告还指出，“未来20年可能出现的技术，将允许在运载工具中分散药剂，类似于药物集束炸弹或地雷。”

总而言之，新技术革命对 ICAs 发展已经呈现难以阻挡的力量。

（丁晓琴）

附录 3　非致命性武器军事需求研究

1　非致命性武器的军事需求分析

“不战而屈人之兵，而善之善者也”。非致命性武器的出现是人类文明的一大进步，它不以大规模杀伤人员和破坏装备为目标，而是利用高科技手段削弱或控制敌方的战斗力。一方面可以达到军事目的，另一方面又能躲避舆论的谴责，因而非致命性武器一问世就受到了军事强国的青睐。

1.1 先发制人的需求

军事专家预言："非致命性武器具有极大地改变战争性质的潜能，将使未来战争的作战样式发生根本性变化"。随着战场环境的日益改变，非致命性武器以其在政治上和外交上易于被接受的特殊性赢得一些国家的青睐。美国对非致命性武器的研究更加关注，因为这种武器更适于"先发制人"的战略需要。

当美国在2004年国防报告中重新强调"先发制人"的战略后，引发世界各国的反对，由于在政治上难以被接受，就容易使美国在外交上处于被动。因为这种"先发制人"的打击可能会造成更多平民的伤亡。在伊拉克战争中，因大量伊拉克平民伤亡，造成美国国内与世界各地的反战游行规模越来越大，反战浪潮一浪高过一浪。虽然在战场上，美军在武器装备上拥有绝对优势，但反美武装者越来越将军事目标混淆于民用目标，平民和反美者的界限正在日益模糊，这使得美军的一系列军事行动受到了阻挠。美军在这方面的教训也是惨痛的。早在1992—1993年的索马里军事行动中，美军当时陷入索马里内战，战场就在城市街道上，因无法分清武装分子与平民，战斗也就无法避免平民伤亡。整个维和行动导致18名美国士兵和数百名索马里平民死亡。"9·11"恐怖事件后，美军在阿富汗战争中使用了具有很强杀伤力的精确制导武器，给基地组织以沉重打击，显示了其无可比拟的优点。然而，精确制导武器并不能在任何场合都发挥有效作用，在阿富汗就发生过因精确制导炸弹偏离目标而导致友军和平民伤亡的事件，其他类似使用致命武器伤及无辜的事件也屡屡发生。

用武力对付手无寸铁的平民所付出的巨大政治代价充分证明，部队急需能应付各种骚乱场面的非致命性武器。美军在伊拉克不断遭到反美武装的袭击，反美武装往往打扮成老百姓实施袭击，美军不能分辨，多次伤及无辜百姓，使得打击反美武装的行动更加困难。同时，误杀造成伊拉克人更加仇恨美军，不配合美军行动，甚至加入到反美武装行列。2004 年 1 月在伊拉克南方城市阿马拉发生的群众示威游行中，英国军队和伊拉克警察向群众开枪，杀死不少无辜平民。如果在这种情况下使用非致命性武器，就可以在不伤害平民的情况下先发制人，发挥有效的震慑作用，从而迅速控制混乱局势，防止进一步的暴力冲突。

1.2 常规武器功能外延的需求

从伊拉克战争中可以看出，随着冷战结束后国际环境的改变，军队将会更多地参与到执行警戒、维护社会秩序、维和与反恐等军事任务，士兵面对的往往是手无寸铁的普通民众。同时，未来战争的战场有向城市转移的趋势，城市作战产生了分辨参战与非参战人员、减少附带灾难等一系列问题。在这种环境中，常规杀伤性武器的使用受到严格的限制（如突击步枪），所以非致命性武器就成为士兵的唯一选择。通过使用非致命性武器，士兵既可以在保护自身不受攻击的情况下，有效地控制骚乱，又不会因造成人员伤亡而受到国际社会和舆论的谴责。因此，在现代战争以及战争以外的军事行动中，非致命性武器将会成为常规制式杀伤性武器的重要补充，其作用不容忽视。

单纯依靠杀伤性武器，有时是非常不利的，有可能强化地区冲突。同样，单纯依靠杀伤性武力，也会对多国联盟产生危害。例如，在海湾战争中，“沙漠风暴”行动之后，美国不顾国际社会的舆论，继续对伊拉克实施打击，致使整个阿拉伯世界，包括许多先前支持多国部队的国家都开始谴责美国。

1.3 执行多种任务的需求

非致命性武器在非战争军事行动中的作用已经变得日益重要，

它不仅填补了战术上的空白，而且还填补了战略上的空白，为不足以使用杀伤性武器，而外交力量又不够的情况提供了新的选择。它比单纯动用武力有更小的挑衅性，所造成的伤害也小得多。而且，它对维护道义是必不可少的，否则事态就会发展成为一种深陷冲突、混乱不堪的局面。

当今，整个国际环境使得非致命性武器的出现和使用成为必然。正如一名学者所指出的：具有超级杀伤能力的强武力对抗已被各种文化之间或不同文化实体之间的冲突所取代，危机的存在就意味着危险的存在。当与产生危机的地区有着相同历史文化的周边国家或种族加入的时候，地区性冲突将转变为更大范围的冲突，其结果必然会影响到全球的经济与秩序。因此，常规武装部队的使用必须非常慎重。绝不能单纯从战术角度考虑，而必须从更深层次的战略高度来看部队使用的复杂性。例如，在巴尔干地区，俄罗斯人支持塞尔维亚人，而沙特阿拉伯、土耳其、伊朗等国则坚定地站在穆斯林一边。如果武装力量使用不当，就可能燃起不同文化背景下民族间的仇恨之火，而部队的使用仅仅从战术角度考虑，就可能造成不良后果。

2　非致命性武器的作战运用领域

非致命性武器是专门为执行准军事战争任务而设计的。但是，就非致命性武器的定义而言，它也可以在常规军事冲突或军事斗争中使用（如作为反器材/反永久性防御设施武器），或需要减少伤亡、减少不必要的人体损伤的行动（如卷入民众的军事行动）中使用。根据外国军事出版物报告，以及美国、俄罗斯等国会议讨论文献分析，可以将由武装部队应用的非致命性武器分成以下几个主要的军事使用方向。

2.1　威慑/战略打击

相比而言，目前非致命性武器的应用大多数仍在战术意义上，其产生的结果往往是肉眼可见的，如声波武器、激光致眩武器、化学失能剂、防暴剂（喷射辣椒油脂）、黏性泡沫等武器。而新一代的非致命性武器将更加强调军事战略上的应用。

“沙漠风暴”行动展示了新一代非致命性武器的发展前景，如携带有计算机病毒的芯片被装入打印机，通过约旦走私至伊拉克，然后送往一个防空地下掩体。这种计算机病毒能使负责在各防空炮兵连之间进行协调与通信的网络瘫痪，当技术人员打开显示器检查空中防御系统的时候，它便吞噬计算机的 Windows 操作系统。

今天在对军事和民用防御设施进行攻击时，避免传统致命性武器造成的突发灾难已成为可能。

当前新一代的非致命性武器正在不断涌现，包括化学、生物等非致命性武器，以及声波、电磁脉冲、激光和其他定向能武器。未来，微波武器可能用来切断敌人与后方之间的联络，激光武器将降低敌方重要探测系统的性能，携带电磁脉冲系统或碳纤维的巡航导弹几乎能够破坏任何电子设备，从而切断军事和民用防御设施与外界的联系。此外，这类技术还可用来实现多种战略目的，如能够支持经济制裁，可以在战略上使敌人暂时麻痹，从而为发挥外交作用创造时机等，这都是杀伤性武器所不及的。

总之，非致命性武器使用的基本原则是使那些具有致命战斗力的敌人变得脆弱，甚至失去战斗力。这项技术如果能够合理公正地使用，不仅能够削弱敌人斗志，打击敌人，而且能够取得道义上的支持。

2.2 城市作战

今后，非致命性武器在冲突事件中的应用将更加广泛，尤其当战场转移到市区的时候。正如美国国家安全委员会报告所指出的那样:“城市中军事行动的日益增长，将对未来社会的安全环境造成一种独特的挑战。”

军事行动向城市中转移的主要原因有几个方面。首先，世界越来越趋于城市化。到2025年，世界城市人口将是1990年的3倍，达到40亿人，也就是说，城市人口将占世界总人口的61%。而军事行动的进一步展开，需要部队在城市中的港口或机场之间运动，要绕过不断扩大的百万人口的城市几乎是不可能的。其次，处于弱势的一方会引诱力量较强的对手进入市区作战，迫使对手在作战效能最低的地方进行战斗，以试图借此削弱对方的战斗力。1993年的索马里冲突就是这样，索马里叛乱分子诱使美军展开了只能用步枪对步枪的城市巷战。

城市作战产生了分辨参战与非参战人员、减少附带灾难等一系列独特的问题。开展城市战的对手常常与非战斗人员混杂在一起，而且还可能利用市民作人体盾牌来抵御进攻，直到万不得已，他们才会利用城市军事防御设施来掩护、隐蔽和运动。因此，非致命性武器在城市作战中的作用至关重要。它们可以用来疏散非战斗人员；能够在最小伤亡的情况下，区分参战与非参战人员；还可以清除人为路障；而且，它们的使用可以减少对城市设施的破坏并最终减少战争消耗，这就使受保护的城镇遭到破坏的可能性减少到了最低限度。2003年的伊拉克战争，美英联军基本控制巴格达以后，巴格达市内陷入严重的无政府混乱状态。国际社会纷纷谴责美军没有履行维护社会治安的职责，致使当地人民的生活失去安全保障。美军方面，进驻巴格达的美军士兵装备的均是常规杀伤性武器，面对疯狂哄抢的巴格达市民，他们不能贸然开枪，但又没有有效的威慑手段。在这种情况下，非致命性武器的重要作用就充分显示出来。

2.3 反恐与防暴

1995年索马里危机援救是非致命性武器在防暴方面使用的一个很好的范例。美国战区司令官查尔斯·希尔发现，海军陆战队的队员们在战斗准备时，必须考虑如何对付可能具有杀伤能力的暴徒。查尔斯曾作为一名行政司法部的官员，亲眼目睹了洛杉矶暴乱的整个过程，反思过平息暴乱的经验和教训，因此，他建议海军陆战队配备非致命性武器前往索马里，这是该类武器首次正式纳入美国军事行动计划。

从战术角度看，非致命性武器弥补了传统致命性武器在制止冲突事件中的局限性，而这一点非常重要。一位从索马里回来的美国海军陆战队队员说："暴徒们知道我们不允许开枪射击，他们就试图逃跑或窃取士兵携带的武器装备。"在对付具有杀伤能力的暴徒时，非致命性武器为执行任务的士兵提供了新的选择，用它可以阻截、制止并驱散暴徒，同时又最大限度地降低伤亡人数，这就意味着在很多危险情况下，执行任务的士兵可以摆脱杀伤性武器的局限性，在行动上获得更大的自由度。

非致命性武器在索马里暴乱中发挥的作用，成为非致命性武器发展进程的催化剂，对其他部队产生了积极的影响，也引起了美国国会的注意。1996 年《国防部授权法案》指定国防部长具体负责非致命性武器的发展，1997 年海军司令被任命为执行代理人。此后不久，便成立了非致命性武器司令部，目的是在美国军队与特别军事行动之间做好协调工作。此外，还专门成立了一个顾问小组，研究非致命性武器对人类的影响。

3 非致命性武器的作战使用构想

非致命性武器可以用于军事常规作战、特种作战、反恐和维和作战、防暴、降低武装冲突的强度作战、解救人质、保护人道主义任务、警用作战等多方面。另外，非致命性武器还可以用于对抗以下行动：大规模杀伤性武器的使用，毒品的生产、储存和运输；阻止恐怖主义的武装团体准备跨越国境的进攻。基于上述应用领域和使用方向，下面是几种非致命性武器的假想使用情形。

3.1 解救人质

某日下午时分，3 名持枪歹徒闯进科罗拉多丹佛市一所小学，开枪扫射，并将校长和两个班级的学生挟持到体育馆内。警察闻讯后，迅速封锁现场。营救人质的不利条件是：体育馆只有一个出口，窗户高不可攀，由于歹徒十分接近学生，即使使用准确度高、火力强的步枪，也不敢贸然射击。特警小组几次试图接近歹徒，均被歹徒发现，歹徒扬言要杀害人质，特警小组被迫撤回。警方分析，附近可能还有歹徒的同伙在观察警方的一举一动。更为严重的是，歹徒事先在体育馆周围埋设了地雷，警方不慎引爆一枚地雷，都会惊动歹徒，从而造成营救任务的失败。

警方通过一系列侦察措施摸清了歹徒的活动情况后，采取解救人质行动。19 时，静音电机喷出雾水，雾水随着夜间的微风到处飘散，几乎覆盖了邻近的各栋建筑物，阻隔了校外歹徒同伙的视野，这将有利于救援行动的展开。23 时 30 分，数架黑色、未开照明灯的直升机盘旋在学校距地面 100 英尺（30.48m）的上空。这种直升机使用函道风扇发动机，大幅降低螺旋桨产生的气流，能顺利地将人员悄悄地垂直放下，同时也避免产生任何噪声。两名身穿黑色制服的特警小组队员悄悄从直升机滑到屋顶，直升机飞离，前后过程不到 1min。

穿着气垫鞋的特警小组队员来到体育馆的天窗，小心翼翼地将一具大型吸盘紧贴于玻璃窗上，并将强酸装在“内衬镀铁氟龙”的容器内，倒在靠近天窗外缘的玻璃上。短短几分钟，强酸就将外缘的玻璃完全腐蚀，特警小组队员用吸盘将整片玻璃窗提到屋顶上，随即用吊绳将低感光摄影机垂至房间内，监视进入点。随后，特警小组潜行至体育馆屋顶，悄悄在屋顶至天花板间钻了许多小孔，插入“光纤镜头”，光纤镜头将所侦测到的信息传回“屏蔽式电视发射器”，这种发射器使用特殊频率，因此通常不易被民用扫描接收器侦测量到。至此，警方已清楚地观察到歹徒的一举一动。

凌晨 1 时 45 分，两架黑色直升机再度飞回学校上空。6 名特警小组队员降落屋顶，并顺着天窗的开口处潜入一个房间。两架直升机开启低功率射频干扰器，使发现警方突击行动的校外歹徒同伙无法使用电话通风报信。两名特警队员埋伏在走廊的拐弯处，以小钢瓶喷洒出快速膨胀的泡沫，将走廊覆盖，其用途是将走路时的脚步声降至最低。当歹徒巡逻到突击小组所埋伏的走廊拐弯处时，只听空气枪“砰”的一声，发射出一只飞镖，歹徒来不及喊叫，因药效快速的神经毒剂已经使其运动神经功能迅速瘫痪。

突袭小组小心翼翼地接近体育馆。为不造成睡梦中学生惊醒后的盲动，突袭队员决定不使用炸药或“声光弹”分散歹徒的注意力。突击队员在天花板内安装小喇叭，可播放一种模糊的声音，音量足以引起神智清醒的歹徒的注意，却不会惊扰睡梦中的孩子们。一声令下，喇叭随即响起，当两名歹徒本能地抬头看天花板时，特警队员们以迅雷不及掩耳的速度冲进馆内。最靠近门边的歹徒被气动式电击枪击中而后退，虽然试图向前抓冲锋枪，但在碰到枪之前，整个身体开始抽搐而无法动弹。

第二名歹徒由于距离较远。特警队员向其射出 3 道激光光束，形成一座三角柱，其中两道照在歹徒胸前，一道射中左眼。歹徒刚要动弹，身体颤抖不止，不得不束手就擒。

警方营救人质的行动在未造成任何人员伤亡的情况下成功完成。

3.2 维和行动

联合国在某一局势不稳定地区开展维和任务。某日，据截获的情报可知即将爆发一场冲突。根据联合国的授权，维和部队有权采取一切必要的手段阻止冲突进一步发生，在遭受直接威胁的情况下可使用武力反击。但维和部队当前的处境却是兵力不足，无法进行自卫，联合国不得不宣布撤军。在撤离前，维和部队将尽可能销毁所查扣的大批重型武器，销毁工作将以隐密的方式进行，以避免遭到民兵部队围击。而当地居民对自身安全的担忧也在不断增加，他们开始采取一种常见的行为模式，即尽可能群聚并簇拥在联合国官员附近，这种因惊吓过度所做出的本能反应，使联合国官员倍感为难。若留下来，则可能被俘充当人质；若撤离，则必须在极力阻拦他们离去的人群中设法脱身。

第二天，经特殊训练的工程人员进入火炮与装甲车辆存放区内，将装有强酸的密封药水罐放置于每件武器上的重要指定部位，全部就位后，工程人员扭转药水罐上的小把手，撕掉密封薄膜。由于双元化合物中每一种均属强酸，当混合在一起时，其酸性将成倍增长。仅 30min，装备外壳被强酸穿透，化学药水接触过的器材全被腐蚀，其目的并不是破坏武器的大型结构，而是销毁主要元件。约 2h 后，小撞针被融化，衬垫与油箱出现漏洞，电线被腐蚀，光学瞄准器失灵，且其他多数零件的功能均完全丧失。

30min 内，现场整批军火全被动了手脚，甚至在维和部队开始进行第二阶段销毁工作之前，所有大型火炮已不再拥有强大的杀伤力。在这个过程中，两种强酸化合物已产生化学反应，因此人体的接触性危害已微乎其微。为进一步减少人体不慎接触所受的危害，工程人员以清水冲洗武器装备，将残余强酸完全清除。由于使用了微量的水溶性强酸，因此专门进行了毒性测定，证实这种销毁武器的方式不会对环境造成任何危害。

维和部队也同时进行撤军准备工作，行军路线是沿着主干道往南撤离，因此不可能不被发现。由于当地商业电台与电视台都在报道维和部队面临的困境，以及区域形势日渐升温，当地居民已开始密切关注维和部队的动向。维和部队不采取空中撤军，原因就在于：保持装备的完整（免于拆装）；担心撤离后，可能会有一支小型残余部队遭其他敌对派系攻击；虽然维和部队拥有空中优势，但部分直升机也可能被小口径兵器或俄制肩射防空导弹击落。

第一个重要挑战是，如何从当地民众中顺利撤出而不使用杀伤性武力。凌晨 5 时，维和部队做好出发准备，为避免当地平民集结，维和部队士兵仍分布在各岗哨警戒，正当部队即将在指定地点集合之际，两架 F-15 战机突然自天空俯冲而下，划过地平面，并立刻启动后燃器，这两架战机随即带着隆隆的呼啸声，笔直地冲上拂晓的云端。如雷的噪声不仅震动了附近的建筑物，更留下了清晰难忘的心理战效果。实际上，这两架战机只不过是撤军行动中空中掩护的一部分，已展现出压倒一切的优势，警告敌军如若胆敢攻击撤军部队，将会立刻遭到被歼灭的命运。

与此同时，维和部队撤离，并通知临时军队的指挥所，要求其领导人不得阻挠撤军行动，并警告他们必须对任何攻击当地居民的行动负责。摆脱一群惊惶失措的民众，是一项非常艰巨的任务。为分散当地居民的注意力，两架 C-130 运输机在该镇附近盘旋并开始空投，色彩鲜艳的降落伞悬吊着一包包的“压缩食品”，由于留在当地的民众未来几天很难找到食物，空投吸引了不少民众去捡空投食品，这样或许能减少维和部队撤离时所需应对的群众人数。

当部队开始撤离时，群众将部队团团围住，并哀求他们不要走。场面令人心碎。妇女与儿童不断哭喊着，抓住任何可以抓住的东西。迫不得已，部队指挥官下令使用温和的胡椒粉喷剂驱退群众尽快撤离。虽有群众被驱散，但仍有部分紧追不舍。当撤军车队径直南下，一架配备特殊“音响装置”的直升机朝北反向飞行，当飞近车队时，开始向在路上紧追的群众发射超低音脉冲，在这种特殊音响装备的有效区域内的群众，无不“闻声”逃命。

突然一声令下，维和部队全体人员立刻穿戴生化防护装备；倾刻之间，空中出现一架农用飞机，喷洒具有强烈臭味的防暴药剂，第二架农用飞机紧接着出现，并沿着南下的道路喷洒药剂，使沿途居民不敢接近撤军路线。对少数仍穷追不舍的群众，则采用声光手榴弹加以制止。

维和部队终于在无人员伤亡的情况下，圆满完成撤退任务。本次行动并无任何士兵遭扣押充当人质。随后，外交人员可再度致力于和平谈判。

3.3 防暴

在美国驻某国大使馆周围，联合特遣部队设置了路障以保护使馆的安全。路障周围有保安队巡逻、检查，收缴行人的武器，禁止车辆通行。联合特遣部队向全城宣布：不允许携带武器靠近大使馆，行人为保护自身安全，要远离路障，以避免不必要的麻烦。有时，也有携带武器的人员想蒙混过关，但结果还是被美军缴获武器后放行了。

突然，一辆高速行驶的民用车辆驶近路障，司机一点没有减速停下来的意思。为了保卫使馆的安全，军队向冲过木栅栏门的汽车射击，击毙 3 个当地人，包括一个小孩，事后发现“入侵者”是一个携带武器的无辜家庭。

事情发生后，当地愤怒的群众聚集在大使馆周围抗议这一暴行。抗议的群众大多数没有携带武器。在当地新闻界紧急召开的记者会上，各界纷纷抗议美军的行动，质问美军为何不采用非致命性武器阻止车辆。联合特遣部队指挥官的解释是，美军曾遇到过类似事件而造成过美方人员伤亡的情况，在紧急情况下，有必要采用应急措施保护使馆人员的安全。

稍后，一群愤怒的群众冲过路障聚集在美国使馆门前，一些人向围墙后的卫兵投掷石块，但没有造成伤亡。随后，又有一些人向使馆院子里投掷了两枚自制的燃烧弹。当卫兵冲过来灭火时，一名持枪闹事者开了两枪后，消失在人群里，子弹打破了停在使馆围墙后的卡车挡风玻璃。根据交战规则，卫兵们掩蔽起来，向人群施放了带有刺激性的水性泡沫非致命性反人员子弹。而这只对靠近的暴徒起作用，却无法解决危机。这时一架小型的无人航空器出现在天空，它沿街道低速飞行，向人群喷射辣椒制剂和“刺毛球”手雷。人们四下逃避。留下的一些受伤者，多数是在拥挤时被踩踏致伤的。

在局势相对平稳的 1h 以后，人群再次向使馆周围集结。情报部门报告说，一些武装份子试图煽动群众向使馆发起另一次冲击。没等暴徒们行动起来，联合特遣部队指挥官命令使用非致命性武器来打破这一局面。稍后，一架直升机在轻武器的有效射程以外的上空出现，在群众还未明白是怎么回事的情况下，直升机在 1 km 以外将一种反人员的非致命性地域拒止（制止敌方利用、进入地域）系统瞄准人群。

暴乱平息后，联合特遣部队指挥官宣布他们在使用非致命性武器恢复秩序方面取得了成功，但强调在未来暴力冲突中，特别是在敌人使用武器时，联合特遣部队随时可能使用致命性武器。

以上演习方案表明，在未来战争及其各种军事行动中存在着不确定性，由于非致命性武器的作用介于恐吓威胁与致命性武器之间，故是一种提高军队在不确定环境中战斗能力的理想武器。

（朱晓行　李铁虎）

附录 4　美国非致命性武器技术发展动向

非致命性武器（NLW）自 20 世纪 90 年代诞生以来，经过 30

多年的发展，已成为常规致命性武器的必要补充，逐步在局部战争及反恐维稳中发挥重要作用。

美国、俄罗斯等国在非致命性武器技术发展方面居于世界领先位置，尤其是美国十分重视非致命技术的研发、试验与应用，已形成一整套涵盖非致命性武器军事理论、发展战略、项目规划、研发采办、使用评价等管理运行机制，值得参考借鉴。目前，美国已有部分非致命性武器列装，并在执行维和等非军事行动中优先使用，显现出良好的发展前景。

本文在美国国防部非致命性武器联合理事会技术部门主管兼首席科学家大卫·劳的一份最新研究报告《下一代非致命性武器技术》的基础上，对最近美国非致命性武器发展动向做一简要综述。

1 非致命性武器概念释义

美国认为，最先进的非致命性武器、弹药及装置是美国国防部非致命性武器计划的重要组成。1992 年美国国防部（DoD）颁布的《非致命性武器联合概念》中对非致命性武器概念给出了明确定义，并为世界其他一些国家所采纳使用。

美国国防部将非致命性武器定义为：为明确设计并主要使用的一类武器、装置和弹药，其目的是立即使目标人员或装备设施丧失能力，同时最大限度地减少死亡人数，减少对人员造成永久性伤害，以及对目标区域或环境中的财产造成不良影响。

随后的 1996 年，美国国防部成立了国防部 NLW 计划执行机构；颁布的国防部指令 3000.03E1 定义了开发和使用 NLW 的政策和责任。在该文件中，海军陆战队被指定为国防部 NLW 执行机构（负责国防部关于所有与 NLW 有关事项的联络机构）。这项责任的一个重要内容是组织制定国防部 NLW 技术发展战略，管理对有前景技术的投资，以期望将这些技术形成先进的非致命打击能力，能够在未来作战环境中为作战人员提供必要支持。

综合研究认为：非致命性武器是设计用于实现军事目标，同时最大限度地减少人员伤亡、财产和设备附带损害的一类“低杀伤性”武器。此外，NLW 可以帮助澄清对手的意图，并允许指挥官随着情况发展提升/减少他对可疑目标的反应。因此，NLW 可用于帮助填补“恐吓和打击”之间的空白空间（通常被称为力量连续体的升级）。武力升级可归类为 4 个独立的行动阶段：一是侦察，为了能够了解潜在的交战方、车辆或船只是否具有敌意；二是动作迟滞，为了能够阻止/击退/移动潜在的交战方、车辆或船只，使其无法到达或移出受监视/安全区域；三是拒止/阻止，为了使潜在交战方、车辆或船只能在受监控/安全区域活动的能力；四是失能，使潜在的交战方、车辆或船只丧失能力（对无辜平民造成的伤害最小，对周围地区造成的附带损害最小），这种失能可以采取各种方式，如压制、禁用，以及使用定向能武器等。

2　非致命性武器联合理事会组织机制

1997 年，美国国防部为了支持国防部 NLW 执行机构，负责日常管理 NLW 计划，正式成立了 JNLWD，挂靠在海军陆战队。最近，美国公开了 JNLWD 工作概述，其中对其职能有明确规定，JNLWD 关键作用之一就是协助联合非致命性武器项目计划（JNLWP）投票成员，确定下一代 NLW 的开发。JNLWD 还需负责研究确立当前和未来在各种冲突与军事行动范围内，非致命性武器的使用需求与部队防护需求。

JNLWD 与许多单位或机构合作。最核心的是 JNLWP 的 6 名具有投票权的成员。JNLWD 与 JNLWP 的组织关系如附录图 4-1、附录图 4-2 所示。这些成员来自 4 个军种（空军、海军陆战队、海军和陆军），以及美国海岸警卫队和特种作战司令部，后者是它们之间的联络纽带。JNLWP 还包括一些非投票成员，以及 NLW 技术开发的合作伙伴，都是与推进（或使用）下一代 NLW 非常相关的机构。

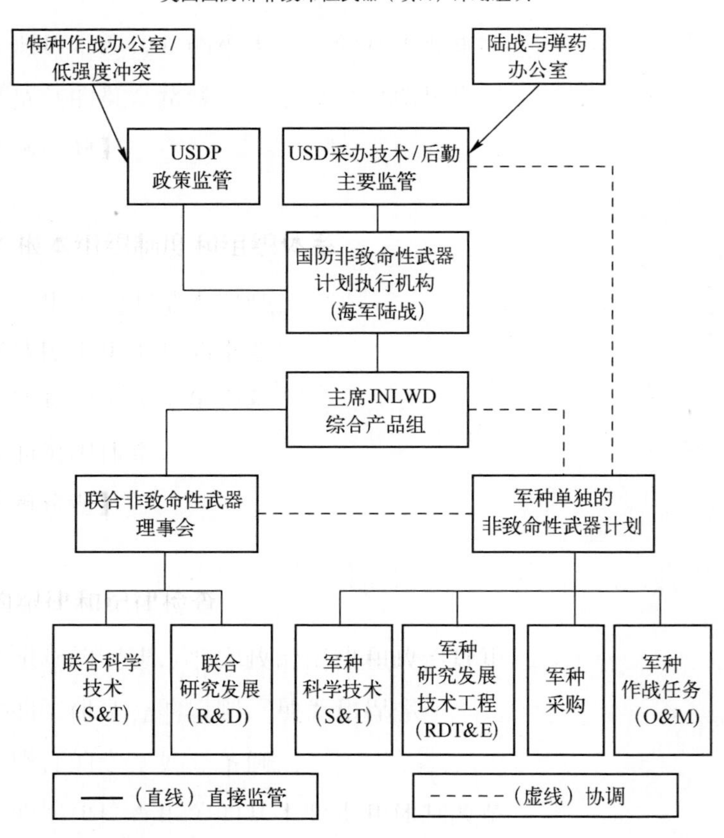

附录图 4-1 美国国防部非致命性武器计划组织结构

国防部非致命性武器计划（项目）

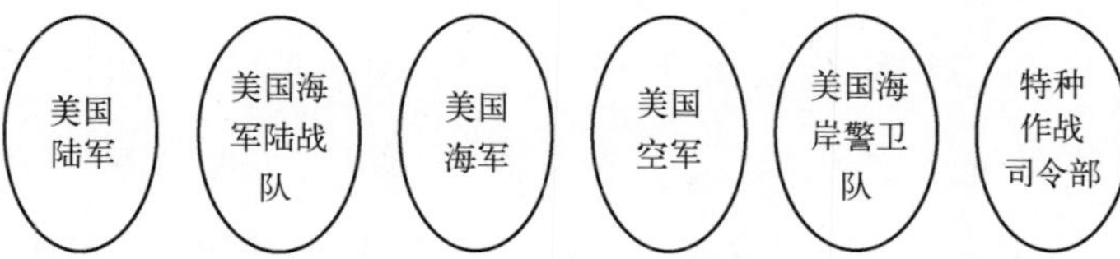

主要（关键）JNLWP 非投票成员&其他政府机构协调者

- 国防部长办公室
  - 国防部长指挥下－采办技术与后勤（USD AT&L）（副部长）
    - 国防部部长助理（ASD）－负责采办的
      - 副助理（DASD）－战略与战术系统-陆战&导弹
    - 研究与工程－武器系统
      - 国防部高级研究计划局（DARPA）
      - 大学附属研究所
    - DASD－应急能力/样机－快速反应技术办公室
    - DASD－核事务－物理安全企业&分析团队
    - ASD－USDP政策层面
      - ASD－（负责）特种作战与低强度冲突
      - 打击恐怖主义技术支持团队
        - 技术工作组
      - ASD－化生放核防御计划
        - 国防威胁降低局（DTRA）
        - 联合降低威胁防御局（Joint Improvised Threat Defense Agency）

- 国防部联合参谋部
- 国防部－作战指挥官
- 国会
- 司法部
  - 国家司法研究所
- 联邦调查局(FBI)
- 能源部
  - 美国国家实验室
- 国家安全部
- 国土安全部（DHS）
  - 国土安全部科技委
    - 海岸及海上安全
    - 国土安全部实验室/研究中心
  - 美国边境海关保护
- 联邦财政研究发展中心

附录图 4-2　JNLWP 投票和关键无表决权成员

3　美军下一代非致命性武器技术发展

NLW 的投入使用支持了美国国防部国土防御任务。由于看到其良好的应用前景，JNLWD 制订了联合非致命性武器技术发展项目计划，通过评审确定适用于其他防御和安全任务的先进（下一代）NLW 技术，并对下一代 NLW 在开发和应用中可能出现的问题进行评估。

由于实施 JNLWP，美军可用的 NLW 库存持续增加。迄今为止，可供使用的非致命性武器大约有 50 种（个），包括弹药和设备。尚有几种属于下一代 NLW 正在研发中，已经处于原理样机阶段。

这些武器包括光学干扰器及“令人眼花缭乱的激光器”、声学武器（产生聚焦的定向声波，或带有预编程的外国语可发出阻止人员口令），以及可用于刺穿和锁定轮胎的车辆缠绕网等（并因此给予作战人员更多时间以更好和安全地接近车辆以确定驾驶员的意图）。此外，现役的 NLW 还包括闪光弹药、冲击弹药和人体失能弹药。一些主要 NLW，如附录图 4-3 所示，但其中大部分都是属于“低技术含量”的武器（作用的范围有限，持续的时间和效果也有限）。还有一小部分 NLW 可被视为非致命（NL）定向能武器（DEW）。

最近，由美国国防部 JNLWD 资助的非致命性定向能武器（NL-DEW）技术研发有了新进展。其中包括对下一代主动拒止技术（95GHz 非致命反人员定向能武器）和远程射频高功率微波车辆/船舶停止系统（非致命反物质定向能武器）的更新。据推测，这个特定的非致命技术领域有可能部分或完全满足执行相应维和任务的下一代 NLW 的需求缺口。

新的 DEW 强度可以提供更大范围的失能能力，再结合以高精度控制定向能，能够达到同样（使用致命性武器）效果。这意味着 NL-DEW 在扩展范围上提供所需的非致命打击效果，这对于非致命打击能力的认识至关重要。因此，也意味着 NL-DEW 可以胜过更传统的“动能”武器、弹药和炮弹。

作为 JNLWD 中的一个技术重点开发领域，开发 NL-DEW 系统、子系统和武器组件，可以做出更小的整体系统尺寸、重量、功耗和更佳的冷却能力，以及减少整个系统成本（SWAP/C2）。

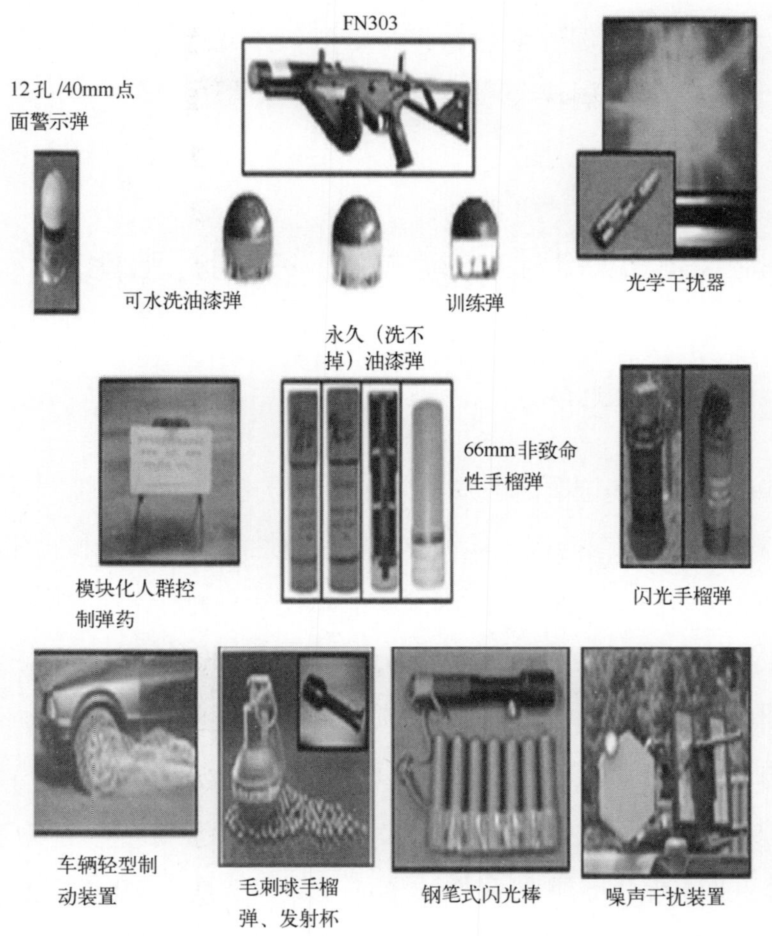

附录图 4-3　目前用于国防安全的典型非致命性武器

目前，为了最大限度地减少关键 NL-DEW 子系统和组件的成本，JNLWD 正致力于多项科研项目，如开发紧凑型主电源系统、紧凑型射频高功率微波天线系统、先进的热管理系统和下一代（更高功率）NL-DEW 源。JNLWD 还资助下一代 NL-DEW（完全仪器化的复制人体反应）测试目标，以减少完成人体影响风险特征研究所需的时间，并降低测试这些下一代武器系统的成本。

综上所述，美国的非致命性武器计划活动，在国防部非致命性武器联合理事会组织下持续向前推进，正在研究开发针对军事目标的“下一代技术”，但其前提条件是这种技术在有用的同时必须尽量减少人员伤亡和对财产与设备的附带损害。

（朱晓行　樊懋）

附录5　从非致命能力到“中间打击能力”

1　“中间打击能力”

1996年7月，美国国防部发布第3000.3号指令《非致命性武器政策》，该指令确立了美国国防部发展和使用非致命性武器的政策和责任，并指定美国海军陆战队司令部为美国国防部非致命性武器计划的执行机构；同时成立了非致命性武器联合理事会，负责支持非致命性武器执行机构，对美国国防部非致命性武器计划的实施日常管理。此后，美国国防部非致命性武器计划持续进行了25年，每年的投资保持基本稳定。

自从非致命性武器联合理事会成立以来，支持各军种的非致命性武器工作，促进了非致命性武器的发展。截至2019年，美军可用的非致命性武器库存持续增加。已投入使用的非致命性武器包括：钝性冲击、标记和警告弹药；声学示意装置；光学干扰器；电击肌肉失能装置；车辆拦截设备。美国与北约以及盟国和伙伴国的国际合作导致非致命性武器被纳入全球的军事演习中。工业界、学术界和政府实验室正在进行下一代非致命性武器的研究，其中定向能武器正显示出强大的发展前景。

随着美国颁布的新版“美国国防战略”（NDS），美国认为其正面临不断增加的、复杂的安全威胁环境，以及变化的作战样式，因此，美国国防部在联合非致命武器计划3已取得的成果基础上，基于NDS框架，强调进一步发展“非致命打击能力”，并将其演进为

“中间打击能力”（Intermediate Force Capabilities，IFCs）。

美国海军陆战队 2020 年执行机构规划指南中指出，目前和未来的非致命性武器装备及弹药将会提供一种“中间打击能力”，填补“存在”（Presence）和“致命”（Lethal Effects）之间的空白。因此，非致命性武器应该被更准确和恰当地描述为“中间打击能力”

与美国国防部的优先事项保持一致，在最新的非致命性武器计划中也描述了 IFCs：IFCs 既可用于支持军事作战、局部战争，也用于低水平武装冲突的非战争军事行动。

更名的意义在于将“中间打击能力”的重要装备及相关工具的使用纳入主战武器系统。按照上述描述，IFC 介于存在（Presence）和致命效果之间，能够为美国和盟国部队在复杂和模糊的战场情势下提供准确的、可调整的、令人满意的打击效果，同时防止敌对行动的意外升级，以及造成不必要的生命损失或破坏关键基础设施等。

2　现行联合非致命性武器计划的使命与目标

从 1996 年起，美国联合非致命性武器计划已经进行了 25 年的投资。2019 年，美国国防部发起了一项有高官参与的，非致命性武器计划审查评估项目，对现行计划的结构、权益和战略进行了研究审查，主要涉及计划执行的效率、效果、已知和新出现的能力差距，以及与《美国国防战略》的一致性。最终，该计划利益相关者一致更新了美国国防部非致命性武器计划的使命与目标。

现行美国国防部联合非致命性武器计划的使命：“国防部非致命性武器计划，为了支持联合部队执行各种军事行动而开发和部署介于“存在和致死”之间的“中间打击能力”。”

现行美国国防部非致命性武器计划的目标（愿景）：通过将“中间打击能力”纳入主流打击武器的发展规划和使用清单，转变美国国家安全机构职能，用最全面的能力装备联合武装部队，以支持美国维护国家安全的战略目标。

3 关于“联合中间打击能力办公室”

为了强调 IFCs 在整个冲突、竞争过程中对联合部队的作用与贡献，美国国防部特地将“非致命武器联合理事会”更名为“联合中间打击能力办公室”（Joint Intermediate Force Capabilities Office，JIFCO）。此举被称为美国国防部非致命计划历史上的里程碑事件。

2020 年 5 月，JNLWD 被撤销，重新成立的 JIFCO 接替 JNLWD，行使美国国防部非致命性武器计划日常管理职能。调整后的美国海军陆战队司令部仍担任美国国防部非致命性武器执行机构。位于弗吉尼亚州匡提科海军陆战队基地的“联合中间打击能力办公室”作为美国国防部非致命性武器计划执行机构的日常管理办公室。美国国防部非致命性武器计划管理机构如附录图 5-1 所示。

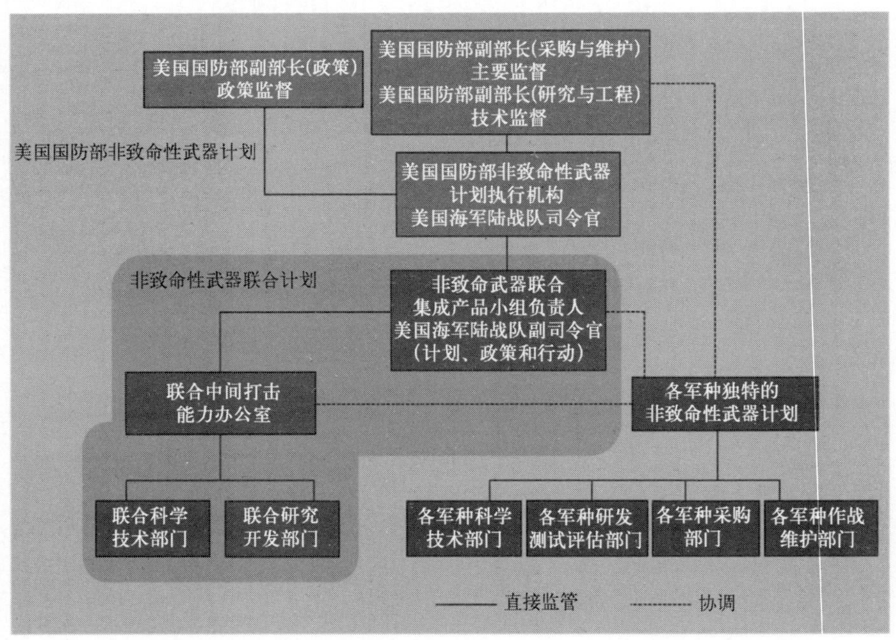

附录图 5-1　2020 年后的美国非致命性武器计划管理机构

美国国防部联合非致命性武器计划用于激励和协调美国各军种的非致命性武器发展需求，并分配项目经费等资源来帮助各军种满足这些需求。美国各军种通过一个联合程序与作战指挥官和执行机构合作，确定需求并协调非致命性武器研究、开发和采购的规划、计划和资金。在美国国防部非致命性武器计划中，联合中间打击能力办公室和各军种为非致命性武器的科技、研究、开发以及测试和评估提供资金。

4 结论

从非致命能力到“中间打击能力”，从“非致命性武器联合理事会”到“联合中间打击能力办公室”，绝不仅仅是概念称谓的变化，它从根本上体现了美国对非致命性武器发展的再认识，随之而来的非致命性武器的作用地位及作战运用思想改变，未来必将影响以智能化信息化为主导的美军“多域战”“混合战”等全新的作战样式和保障模式的变迁，因此具有重大的战略意义。

（朱晓行）

附录 6 跨域军事行动中非致命定向能技术的发展及运用

美国国防部非致命性武器计划的组织结构自成立以来一直保持相对不变。直到 2020 年 5 月，国防部非致命性武器管理机构进行了改组，撤销了非致命性武器联合理事会，重新组建了“联合中间打击能力办公室”，以及联合非致命性武器产品综合组。改组后，新成立的 “联合中间打击能力办公室”替代 JNLWD 成为美国国防部非致命性武器计划执行机构的日常管理办公室，产品综合组负责审查并建议、核准国防部拟议的非致命性武器预算，以确保各部门之间工作不发生重复。在30年的非致命性武器计划中，定向能技术一直处于不断发展的核心地位。近期相关文献研究表明，除了传统的防暴维稳等非战争军事行动，定向能武器系统在跨域作战等新形式局部战争中的应用前景也更加广阔。

1 发展背景

1996年，Gen Zinni将军基于在索马里“恢复希望行动”维和行动的经验，推动创建了美国国防部的非致命性武器（NLW）计划。随后，美国《国防授权法》要求美国国防部集中开发研究非致命性武器及技术。同时，美国国防部指定美国海军陆战队司令部（CMC）作为非致命武器计划的执行机构，并在美国海军陆战队匡提科基地设立了非致命武器联合理事会。

经过近30年，美国的非致命性武器计划在先进非致命性技术，尤其是定向能技术研发等方面取得了许多成就，并在美国各军种中采用部署，具备了一定能力。随着时间的推移，美国各军种已将其非致命性武器计划从参与警卫和安全转为面向部队作战，并为此进行宣传和提供相应资源。在美国国防部非致命武器执行机构的支持下，非致命定向能技术研究正在发展新能力，并在执法安保之外的领域，如跨域作战等局部战争中发挥更重要的作用。

2021年，美国国防部“联合中间打击能力办公室”首席科学家大卫·劳发表了一份题为“Directed Energy（DE）Intermediate Force Capabilities（IFCs）:Relevant Across the Range of Military Operations”的研究报告，较为详细地阐述了定向能系统在跨域作战军事行动中的应用前景。

2 定向能武器技术的作用

2020 年 3 月，美国国防部最近发布的致命武器计划执行机构规划指南，并宣布该指南已经纳入美国国防战略，与美国国防部的优先事项保持一致。其中明确描述了非致命性武器，也称为“中间打击能力”（IFCs）如何支持军事目标，包括低水平的传统武装冲突活动，并指出：要继续研究、开发和投资 “中间打击能力”，以提高美国在整个冲突过程中应对挑战的能力。为了强调“中间打击能力”对联合部队的贡献，非致命武器联合理事会被重新命名，改为““中间打击能力”联合办公室”，相应地使用“中间打击能力”来替代“非致命” 能力的称谓。

“中间打击能力” 非常适合在任何战争阶段概念及 “灰色地带” 竞争的范围内使用，且能够占居主导地位，如附录图 6-1 所示。

发展 “中间打击能力” 是一项缓解战略风险的投资，为作战人员提供了额外手段，使之在战争水平以下的冲突竞争中掌握主动权。而定向能武器，作为 “中间打击能力” 的重要组成，同样是一项缓解战略风险的投资，为作战人员提供了在战争水平以下的冲突竞争中进行竞争的工具，而不会失去政治声誉。

附录图 6-1 战争阶段的特征

概况起来，定向能武器 “中间打击能力”（DE IFCs）通过规划和使用，将 “中间打击能力” 纳入主战能力，以保障武装联合部队实现保卫国家安全的目标。

（1）完成任务而不需彻底摧毁破坏的作战效果。

（2）以全新的方式改变作战样式。定向能“中间打击能力”（DE IFC）不仅涉及物质层面，更引发了对作战问题的新思考，涉及DOTMLPF（条令、组织、训练、物资、领导力、后勤、人员和设施）等方面，并纳入联合能力集成开发系统（JCIDS）。

（3）定向能“中间打击能力”（DE IFCs）被美国各军种纳入其常规训练和计划范畴。

（4）保障美军作战人员在整个竞争过程中立于不败之地，而不仅仅是在“占领”阶段。

3 目前发展的“中间打击能力”概念/技术项目

美国国防部公布的目前较为成熟的 IFC 项目有闪光炫目手榴弹、40mm 口径弹药（包括钝性冲击、闪光雷、防暴剂）、12 口径非致命弹药（包括钝性冲击、闪光雷、防暴剂）、刺球式手榴弹、声学警告装置、钉子条带、泰瑟枪（短程），以及激光眩目器（短程）等。

下一步开发的 IFC 项目有“中间打击能力”（IFC）套件的武力升级（EoF）普通遥控武器站（CROWS）概念（计划 2023 财年完成演示验证）、远程遥控部署的车辆制动网、非致命定向能武器系统升级（进一步减少尺寸、重量、功率 消耗、热冷却和成本）（SWAP/C2）、预置的电动汽车制动器 （正在进行的试点项目）、激光眩目器（远程）、阻塞技术、无绳人体电击失能弹药（HEMI）等。

正在发展的典型“中间打击能力”定向能系统有毫米波主动拒止系统（基于管式发射）现存 2 种型号、固态毫米波主动拒止系统（美国陆军于 2021 年一季度完成重点评估）、远程“中间打击能力”有效载荷（定向能/非定向能）、美国海岸警卫队的高功率微波（HPM）

定向能船只制动器、高功率微波（HPM）车辆制动器（已经完成样机），以及激光诱导等离子干扰器等。

4 “联合中间打击能力办公室”的“中间打击能力”发展计划

近年来，美国国防部大力鼓励和支持小型企业创新研究（SBIR）和小型企业技术转让（STTR）计划，采用招标及授权的方式开展非致命性武器技术研发项目。2021 年，美国海军部支持小企业创新/研究的年度经费达到 3 亿美元，通过采购驱动过程，激发强大的技术推动力。

（1）可行性研究项目。

① 聚焦增强型声学驱动器技术（FEAT）——123dB 声学驱动器。第一阶段（2021）。

② 改进的激光诱导等离子体效应（LIPE）装置——超短脉冲激光器，第二阶段合同，2020 财年原理样机。

③ 优化的短脉冲源——更高功率的微波车辆拦截器。STTR，固态 HPM，第二阶段合同（FY21）。

④ 聚焦定向能天线系统（FoDEAS）——紧凑/轻量/高增益。宽带 HPM 天线，第二阶段合同（2022 年）。

⑤ 2021 财年美国陆军 XtechSBIR -ASA（ALT）——非致命性驾驶员防御系统研究。2021 年 1 月/2 月两个阶段之 1 合同。

⑥ 2021—2022 财年：第二阶段（5～20kW）紧凑型发电机；“中间打击能力”载荷，宽频段高功率微波源。

（2）演示验证项目。无绳人体电击失能（HEMI）弹药——12 口径（正在进行中），2022 财年出原理样机。

（3）样机测试与评估项目。用于定向能武器（DEW）系统的

218kg、300kW 高功率密度发电机。Candent（2021 年 8 月交付、测试），包括 Mezzo 国际公司的微管热交换器设计（以前的小型企业创新研究（SBIR）项目）。

（4）商品化（向采购计划过渡）。发电机，支持“联合中间打击能力办公室”的非致命定向能武器原理样机和定向能武器系统家族使用。

5 定向能武器系统在“乌克兰行动”中的使用探讨

（1）使用任务。

① 联军在大城市中与叛乱分子作战。

② 联合部队在城市地区向目标机动，到达目标并进行日常补给。

③ 数以万计的非战斗人员混杂其中，不断有流血事件发生。

④ 车辆和行人交通阻碍了友军的行动。

（2）定向能武器系统使用场景。

① 安装在 EoF 通用遥控武器站（CROWS）上的激光眩目和声学警告装置，警告行人/车辆操作者让路。

② 远距离激光眩目器用来提供明确的警报和警告，并为人群控制和阻止攻击性行动提供压制效果。

③ 车载固态主动拒止系统（SS-ADT）清开驱散道路上不遵守规定的人。

④ 车载射频车辆阻断器，保护友军不受自杀式车辆及简易爆弹影响；对快速接近入口控制点和我机动部队的威胁车辆实施反进入/区域阻断。

⑤ 定向能“中间打击能力”，用于对付接近我军的小型无人机系统。

（3）结果/影响。

① 有助于防止不必要的破坏和生命损失。

② 在模糊不清的情况下争取了决策时间，扩大了处置空间。

③ 能够积极主动采取行动，同时减少信息空间的风险。

6 结论

综上所述，“中间打击能力”概念的产生改变了原来应对威胁的方式，定向能“中间打击能力”使作战人员能够在整个竞争过程中获取主动，完成目标，且不会造成不必要的破坏，引发或延长敌对行动。

未来，美国国防部将定向能“中间打击能力”纳入主流打击武器发展规划和使用清单，转变美国国家安全机构职能，用最全面的能力装备联合武装部队，达到支持美国维护国家安全战略目标的目的。

（朱晓行　李珊）

附录 7　美国发布非致命远程“中间打击能力”项目

2021 年 1 月至 3 月，美国非致命性武器管理执行机构美国海军陆战队联合非致命性武器项目管理办公室发布了美国海军小型企业创新研究（项目）：安装在小型战车和无人系统的远程“中间打击能力”的非致命载荷（N211-001）。下面是项目招标的研究内容及技术要求。

项目名称：安装在小型战车和无人系统的远程“中间打击能力”非致命性武器载荷

重点方向：自主；定向能

所属领域：武器

本项目中涉及部分的技术受“国际武器贸易条例”（ITAR）22

第 120～130 部分条款限制，控制与防御相关材的料及服务进出口，包括敏感技术数据的出口；受“出口管理规定”（EAR）第 15 条 730～774 部分条款限制，控制两用途（军、民）物品及技术的出口。投标人必须申报外国任何拟议用途、投标人原籍国、持有的签证或工作许可证类型，以及打算完成的工作任务说明书（SOW）等。

1 系统目标

系统目标是开发一套紧凑型、多武器集成的非致命性武器载荷系统，提供可扩展的、可与其他军事打击效果相结合的，且适用于多个领域的“中间打击能力”（IFC）。在通用作战架构中，将各种 IFC 效果的非致命性武器载荷与其他多用途军事能力，如指挥、控制、通信、计算机、情报、监视与侦察（C^4ISR）、安全通信和自动火控系统等集成为一体，获得增效价值。非致命载荷全部集成在小型有人系统和无人系统（UxS）平台上。适用的平台包括：①城市和复杂特殊地形的小型战术车辆/船只和无人地面车辆（UGV）；②针对空中和地面的作战保障无人机（UAV）；③开放水域的无人水面车辆（USV）和无人水下航行器（UUV）。

2 系统描述

小型企业创新研究项目的主旨是开发一套更紧凑、轻型的远程反人员/反物质非致命武器（NL）系统，主要集成在小型战术车辆/平台，以及无人系统上。这些具有“中间打击能力”的非致命性武器载荷（NL/IFC）将用于支持各种维稳行动、灰色地带作战，以及跨全域作战（ROMO）的常规与非常规作战任务。

非致命系统 NL/IFC 具有增强型系统性能，将填补原有联合非致命性武器能力的差距。美国海军和美国海岸警卫队（海上）和美国陆军和美国海军陆战队（地面）对这些 NL/IFC 有效载荷都有兴趣，因为目前每个军种都希望通过以小型/轻型低成本的系统获得 IFC，而这些系统也正好满足可以投射/提供远程 IFC 的需求。因此，通过将这些小型 NL/IFC 有效载荷集成到战术有人和无人平台上来实现在 ROMO 中的预期效果，同时减小系统的尺寸、重量、功耗、热冷却指标和系统成本。

现有的 NL/ IFC 受到射程、外形尺寸和重量的限制，而当前的商业现货供应解决方案也仅能满足“联合需求监督委员会”（JROC）批准的反人员和反物质功能的一小部分需求，因此急需研发新系统来完备 NL/IFC。

根据联合需求监督委员会的能力清单，本项目要满足支持未来远程、紧凑型、轻型的 IFC 能力，提供执行远程警告和拦截任务，如拒止、移动、压制和禁用车辆、船只、飞机，以及个人。

创新的紧凑型/轻型非致命性武器载荷包括现有的、现成的商用（商业现货供应）和专门开发的非致命性武器/刺激剂，如：①激光炫目；②12 号/40mm 非致命弹药（钝发（爆炸）、闪光弹、防暴剂、人体电动肌肉致残、恶臭），以及相关的武器发射/瞄准和火控系统；③远程声波干扰装置；④定向能（DE）武器，包括干扰电子设备的高功率微波武器和主动拒止技术（ADT）。

这些新的创新有效载荷还包括具有针对人体的新型远程 IFC 非致命刺激剂，以及利用高磁场的光致作用等新型非致命武器载荷，如：①远程发射冰雹和警告功能；②区域拒止——拒绝观察能力；③限制人体目标；④从开放和密闭空间移动个人和/或个人群体的能力；⑤对威胁人类/物质的目标实施非致命性失能/禁用的能力。

项目的第二阶段研发工作需要限制密级。注意：获选的承包商必须是拥有美国经营权的，且不在美国国防部 5220.22-M 国家工业安全计划操作手册定义的国外权限限制内。选定的承包商和/或分包商必须具备分级别的保密设施和人员安全许可，以便按照国家反情报侦察安全防御局（DCSA）和 MCSC 的规定，获得美国及其盟国的国防保密资料，完成该项目的增强（第二）阶段；后续阶段都是按照这个要求执行，在本合同的高级（第三）阶段，选定的承包商连必须按 IAW DoD 5220.22-M 具备保护机密材料措施。

（1）第一阶段：开发各种非致命刺激剂，用于与小型战术车辆/平台和小型 UxS 的集成，确保每个有用载荷的成本最低（10 万美元的有效载荷，系统成本在 100 万美元之内），并且质量小于 50～100 磅（22.68～45.36kg），并且具有小于 3 英尺^3（1 英尺=0.3048m）的紧凑型尺寸。

采用现有的非致命性武器效能模型演示这些新型 NL/IFC 载荷的可行性/效能，以及针对真实反物质目标的打击效果，如针对相关威胁车辆和船只的发动机目标。收集非致命武器在不同距离的效能数据和人体波形武器效能数据，用于验证人员的有效载荷非致命数据。演示单独的 NL/IFC 武器效能和性能数据，以及相同类型的数据，验证用于 NL/IFC 有效载荷套件的“无线电频率”。通过以上步骤，证明满足非致命性武器联合理事会/“联合中间打击能力办公室”（JIFCO）/海军陆战队的需求，并确定 IFC NL 有效载荷武器概念可以在整个联合军种中使用。通过针对威胁人员/反物质目标的严格 NL/IFC 单独和组合效应测试建立武器概念可行性/效能。

第一阶段不需要测试人类受试者或动物受试者。提供包含性能目标和关键技术里程碑的发展阶段计划，该计划降低了技术风险问题，并定义了一套紧凑的、过渡的、低成本的非致命/IFC 有效载荷，研究如何发展集成到下一代小型无人系统。

（2）第二阶段：开发一套更优化的（尺寸/重量/成本）NL/IFC 有

效载荷，集成到小型有人驾驶系统和 UxS。通过严格的反人员和反物质目标测试，在承包商的设施和国防部实验室（如海军水面作战中心测试中心）评估原理样机 NL/IFC 有效载荷。

非致命性武器联合理事会在各个国防部实验室配备了一组反人员人体效应和效能模型，以及全套反人员和反物质测试目标，将用于有人和无人系统的 IFC NL 有效载荷套件交付给政府实验室设施进行独立评估，以最低的成本来确定非致命打击效果满足第二阶段计划中定义的性能目标，即海军陆战队对一套非致命/IFC 有效载荷的要求。通过 NL/IFC 有效重量的评估演示，系统性能满足已知非致命反人员和反物质能力差距的能力。确认并验证在第一阶段开发的建模和分析方法，包括测量所需的满量程参数，以及多个周期。使用评估结果将对初步设计方案进一步评估细化，以满足 JIFCO/JNLWD/海军陆战队非致命性/IFC 载荷重量要求。准备一个阶段发展计划，将原型样机技术用于联合军种使用。

（3）第三阶段：双用途应用，支持 JIFCO/JNLWD/海军陆战队将技术转换为联合军种使用。开发这套集成在政府现货供应的载人和无人系统上的下一代 IFC NL 有效载荷。评估并确定这些武器在作战相关环境中的效能，如各种军种进行的有限军事用户评估（LMUA）。支持非致命性武器联合理事会和海军陆战队对非致命性武器联合理事会进行测试和验证，并使系统符合联合军种的使用条件。

3 结论

一套紧凑、轻型、低成本的远程“中间打击能力”非致命性武器载荷在军事作战之外还具有重要的商业应用，包括其他政府机构，如美国司法部（DoJ）和国土安全部，以及海关和边境保护局等，一直在积极研究这些武器的非致命反人员和反物质效果。当地执法机构对其特定类型的任务,包括反人员和反物质任务以及反恐怖等,都有意愿选择使用这些非致命性武器载荷。但目前的武器系统的尺寸、重量和成本阻碍了这些机构对这些系统的使用。因此，此小型企业创新研究项目专门针对非致命系统尺寸、重量、功耗、系统成本，同时大幅改进 NL 的打击性能。

（朱晓行）

附录 8　国外声光弹药技术发展研究

声光弹药是作用后产生强列闪光及巨大声响、暂时致盲目标区域人员和光学探测仪器的一种软杀伤性特种弹药，对感官的强烈干扰及效应可逆，实现威慑、止动目标而非杀伤。该类弹药作为一类国内外研究及装备均较为普遍的非致命弹药，已广泛应用于冲突、维和、执法等领域，随着各国在应对暴力对抗行动中使用频率的增高，社会舆论对其关注度也逐渐提高，进而针对安全性及使用限制的要求在提升。因此，声光弹药技术性能不断提升，对其使用效果的研究也不断深入。

1　效能与安全的平衡推动声光弹药技术性能提升

从目前发展来看，声光弹药主要包括烟火型、物理型。烟火型声光弹药主要依靠内部烟火闪光剂爆炸或燃烧产生闪光及噪声，为无能源输入需求，使用方式更为灵活，应用广泛；物理型声光弹药依靠高能 LED 灯、低能激光等持续发光，需要电源或电池供给，在需要便携及远程投送的场景下使用较为困难，发展种类及实用效果均待考证。

烟火型声光弹药又称为闪光弹、爆震弹，爆炸产生闪光，噪声震慑目标区人员并使其暂时出现闪光盲而眩晕，其设计理念与其他种类非致命弹药类似，并非单向追求终点毁伤效能的扩大，而力求在更高的声光效应与更低的目标附带损伤之间寻求平衡，采用闪光光强、噪声声压级等指标用于评价作用有效性，采用安全半径或伤亡半径以约束超压、机械损伤等非致命性效能[①]。根据俄罗斯的研究，闪光强度在几百万坎德拉（cd）范围内，致盲时间可达 20～30s；噪声在 130～170dB 范围内能够震昏人员，超过 172dB 的声音会导致出血、190dB 及以上造成耳膜穿孔，超压在 22～36kPa 范围可能对内耳造成损害[②]。

根据国内外该类弹药发展状况，所采用的技术包括提升闪光剂性能、减少爆燃附带破片、分散瞬时冲击等，通过其技术性能的描述，可知其有效作用距离提升、破片飞散距离和破片总动能降低、持续作用效果提高等技术优势。

1.1 闪光剂性能提升

烟火型声光弹药在爆燃瞬间产生强光，同时也产生爆炸冲击、弹体破片等附带物，为达到震慑干扰效果的同时降低对近处人员的物理性伤害，提高闪光强度、闪光持续时间可使弹着中心偏离目标区一定距离，按照超压及破片分散中速度与距离的关系公式，可减少破片的终点动能[③]。

美国在一代、二代闪光弹药的研发基础上，通过提升闪光剂性能及特殊的分散方法发展第三代以上闪光弹药技术,精密武器产品公司（POP）研发了 T-429、T-459、T-460、T-444、T-465、T-470、T-471 系列震昏手榴弹，T-459、T-471 为第三代闪光震昏弹，除产生闪光、噪声外，还发出非常明亮的白色火星，并能产生阵雨一样

① Nonlethal Weapons and Capabilities

② Improved Flash Bang Grenade (IFBG). National Defense Industrial Association

③ Defense Technology® Archives - Page 5 of 24 - Defense Technology

的耀眼闪光，使有生目标产生恍惚和恐慌，增加了光球辐射距离。T-470 马格努姆战术爆炸震晕手榴弹和 T471 马格努姆极度闪光震晕手榴弹都采用子母式结构设计，距离 2.1m 产生 65kPa 爆轰波、185dB 声响和 3×10^6cd 光强。两款手榴弹采用 1s 延时引信，避免了反投的可能性。美国特种作战司令部牵头提出改进型闪光手榴弹（IFBG）研制需求，如附录图 8-1 所示，通过增加光能输出增加持续时间，去除高氯酸盐而替代以不含可能含氯产物的氧化物，成为对环境安全的有效载荷组件[①]。

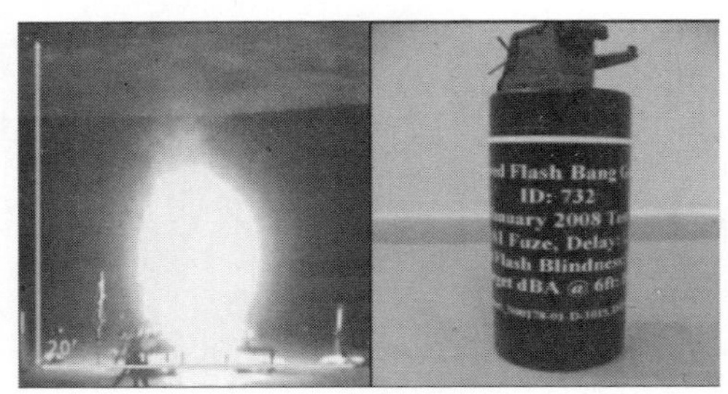

附录图 8-1　改进型闪光手榴弹（IFBG）

NICO BTV-1 闪光爆炸手榴弹替换了 MK-141 快闪手榴弹，如附录图 8-2 所示，以较低的压力形成 3～5s 的闪光失明，并在金属机身以及顶部和底部开孔，以防止手榴弹过早爆炸对人员造成严重伤害[②]。

附录图 8-2　NICO BTV-1 闪光爆炸手榴弹

① NL_Human_Effects_Fact_Sheet_May_2016

② Army Technology | Land Defence News & Views Updated Daily

1.2 低附带损伤控制

降低闪光弹药弹爆破片的动能是行之有效的方法，但并不能彻底解决破片问题，美、俄、德发展了子母式声光弹药，外壳采用金属材料、内部配闪光子弹，顶部或底部开孔以释放强光，同时减少烟雾的输出，研究了喷高温粉引燃发光的新型闪光弹药技术。

美国 CTS 公司和国防科技公司、德国莱茵金属公司研发了多种型号声光弹药，典型弹药包括 CTS 公司的 7290 闪光弹，弹体为钢质、非碎裂，顶部或底部孔中输出强光 600 万～800 万 cd，噪声 175dB，7290 闪光弹采用结构专利设计，即使在顶部或底部与坚硬表面接触时，也可消除引爆时弹体的相对运动，并通过弹体内部设计减少了烟雾的输出。CTS-7290M 袖珍闪光弹是新一代，质量仅为 15 盎司[①]，比 7290 闪光弹轻约 30%，具有 175dB 输出量，可产生 600 万～800 万 cd[②]。

俄罗斯单响手持“Fakel-salon”声光手榴弹体积较小，如附录图 8-3 所示，仅重 100g，可用于狭小的密闭房间，以及飞机、火车、汽车的客舱。该手榴弹壳体由特制纸板体制成，内装有声光元件、调节器和一个引爆装置，且被触发时不会碎裂，10m 距离处的声压不小于 145dB，发光强度不低于 1000 万 cd，有效作用半径 5m。俄罗斯 Zarya 手持声光手榴弹设计为塑料球体，内装基于爆炸性汞和镁粉的烟火成分，主体由上下半球组成，上半球连接 U-515（U-515M）安全触发机构（PPM），用橡胶帽密封，下半球为带尖刺的橡胶盖，减少了撞击障碍物时手榴弹主体破坏的可能性。Zarya-2 手榴弹的质量为 175g，总高度 130mm，直径 70mm，最大发光强度 3000 万 cd，10m 距离处的声压级 180dB，如附录图 8-4 所示。

① 1 盎司=28.3495g

② Small Arms Systems Symposium 22 May 2008

附录图 8-3 俄罗斯“Fakel-S”声光手榴弹

附录图 8-4 俄罗斯 Zarya-2 声光手榴弹

1.3 分散瞬时冲击

一代声光弹采用整体式装药，追求瞬间燃爆作用的强光及巨大威力，这种装药结构能够增长光球直径和强光的持续时间，但带来瞬时超压和破片动能，当距离目标较近时造成较大冲击。在之后的发展中，国外研发了多种子母结构声光弹药，分散整体式装药为小装量声光单元或子弹，从而减少瞬时冲击，多个声光单元同时或持续分散形成连续闪光①。

美国 CTS 公司的 7290-2、7290-3、7290-5、7290-7、7290-9、7290-11 形成多响闪光弹系列，并配有训练用弹。

德国 Feistel A 型防暴弹使用可产生约 15s 的白色闪光和两声巨响，B 型为子母式声光弹，内装 8 枚子弹，使用时可产生连续爆炸闪光效果，C 型闪光弹为照明弹，可产生约 15s 白光，三种弹长皆约为 150mm，A 型、B 型声光弹爆炸声响约 150dB。莱茵金属公司研制的六响、八响声光弹的分别产生多次爆炸声及闪光，均在引起永久性伤害的阈值之下，单次光强 150 万 cd，声强约 150dB，底部开了通气孔，以减少手榴弹的跳飞②。

① Less-than-lethal “Flash bang” Diversionary Device DT_Pyrotechnic.Sandia National Laboratories

② Assessment of Magnitude of Consistent Condom Use and Associated Factors Among Police Force at Riot Control, Addis Ababa, Ethiopia: A Cross-Sectional Study

俄罗斯手持光声手榴弹“Fakel”是一种集束手榴弹，具有 6 个声光单元，环向分布于弹体外表面，采用非周期性启动，有效作用半径 20m，距离 10m 处的声压不小于 145dB，每个单元发光强度至少为 1000 万 cd。Vzlet-M 手榴弹类似球体，有 4 个径向排列的小室，延期可设定，排出的载荷会同时发光，单次脉冲的最大发光强度 200 万 cd，声压级（150±15）dB（距离 10m）。

1.4 多种功能组合

有的声光弹药采用多种功能组合的方式，声光单元仅为其中的一个或两个，从而达到综合性效果。

美国 9594 型多效应 40mm 多效应手榴弹将闪光剂、催泪剂与橡胶球结合，作用时产生闪光、强声、刺激性烟云，并分散 0.31 英寸[①]口径橡胶球颗粒。4090 系列 40mm 空爆声光弹，有效射程分别为 50m、100m、200m、300m，产生光强 600 万 cd，声强 165～175dB。美国 CTS 制造了多种具有广泛有效载荷的弹药，允许在驱散大量不守规矩的人群时使武力升级[②]。

俄罗斯 GSZ-TSh 手榴弹质量为 175g，其中有 44 个投掷橡胶弹片元件，7 件盒式声光单元 （CES），最大发光强度 200 万 cd；距引爆手榴弹 10m 处的声压级不小于 135dB；延期时间（4±1）s。组合式手榴弹（GRPK）“RASKAT M-7”旨在结合非致命的高功率光、声音脉冲以及刺激性物质，防碎外壳由软塑料制成，声光单元 6 件，辣椒油树脂刺激性单元 1 个，引爆破坏并释放内部光、声和刺激性，烟雾烟火，活性物质的质量为（125±10.0）g；光辐射功率不小于 105 万 cd，单元之间的延迟（1.0±0.5）s；声压级（距离 5m）不低

① 1 英寸=2.54cm

② Defense Technology® Archives - Page 5 of 24 - Defense Technology

于 145±5dB[①]。

以色列的 14-033 型多用途震昏弹采用模块化设计，引入了可插拔式药剂盒，可根据战术需求，在极短的时间内装填闪光药盒、催泪药盒、染色药盒等，提高了战术适应性，采用传统的拉发引信，保证了弹药作用可靠性，能瞬间产生 145dB 声强。

2 使用平台的发展

一代声光弹药以手榴弹为主，由人员投掷，之后随着闪光剂装药技术提升，发展了适于榴弹发射器、枪射及集束管发射的声光榴弹，平台的发展不仅增加了射程，也提升了快速反应能力，加大了对中近距离目标的非致命攻击能力。

美国海军陆战队主导的任务有效载荷模块非致命武器系统（MPM NLWS）可以在车辆、船只或地面上安装电子管发射器，在 25～500m 之间发射大量包含闪光弹的非致命性弹药，实现人群控制，车队保护和海上安全。JNLWD 牵头研发的 XM7 蜘蛛非致命发射器（NLL），可以在车辆、船只或地面上安装电子管发射器，在 25～500m 之间可发射大量包含闪光弹的非致命性弹药。

美国联合非致命武器研究项目关注 81mm 非致命间接瞄准弹药，用于压制个体目标，是反人员非致命闪光集成迫击弹，附带阻止个体进入或离开特定地域。通过释放 10 个闪光爆震子弹药，产生强光致盲、听力衰减、超压等压制人员，能够在 2km 射程范围内压制某一区域的对峙，包括禁止来自平民地区的敌人开火、将非战斗人员从一个地区转移、控制区域的人员通行。

① Nonlethal Weapons and Capabilities

3 光弹药使用效能评价

声光弹药作为对民众使用的非致命弹药，其使用受到社会舆论及人权组织高度关注。国外军方、警方均主导了部分研究项目，科学合理地测试评价方法，以及作用效果。

美国桑迪亚国家实验室对采用燃喷方式的闪光弹药的测试方法开展研究，建立了压力传感测试模型及实验装置，包括内压测试、声强及光强输出测试，使用 sandia 设备测试四个方向的相对振幅强度，通过衰减透镜记录图像曲线。

美国国防分析研究所研究了不同人员目标对声光弹药作用瞬间的惊吓反应和弹药可能引起的伤害，分析不同种类目标生理和心理的反应，包括神经系统、心血管系统、心理变化及个体差异，提出在不增加闪光弹物理强度及伤害风险的情况下，着眼于闪光视觉效应和听觉效应的相互关联作用，从而增加闪光弹药对人员作用的影响时间。俄罗斯不仅研究了强声、强光、超压对人员的物理性伤害阈值，且分析了声光弹药爆炸产生的破片及二次碎片可能引起的机械损伤，据此提出安全距离 2m 的界限。

通过逐步深入的使用效能研究，主要国家对声光弹药的使用提出了限制条件和有利使用方法，美国研究机构通过对 M84 及其他声光弹药的研究，分析了可能造成的四级伤害，包括一次爆炸伤害、二次钝击伤害、三级空气传播伤害、四级挤压和烧伤，从而提出不应对密集人群投掷。

声光弹药作用效果立竿见影，且不产生化学性物质，作为不使用武力与杀伤性武力之间的过渡武力，在生存价值越来越被强调的未来，将得到进一步发展。

（郝雪颖　陈鹏　曹浪　马士洲）

附录 9　非致命武器计划发展历程

1　美国非致命性武器计划发展

美国国防部将非致命武器定义为“明确设计和主要使用的武器，旨在使人员或物资丧失能力，同时最大限度地减少人员伤亡、永久伤害以及对财产和环境的意外损害。非致命武器旨在对人员和装备产生可逆影响。”

对非致命武器的需求出现于 20 世纪 90 年代美国在索马里的军事行动中，在“恢复希望行动”期间，部队需要使用致命武力以外的其他选择来维持绝望平民的秩序，并作为联合国部队来维持安全从索马里撤离。国防部非致命武器计划成立于 1996 年，是为了响应一项经过验证的要求，即为美军提供“呼喊和射击”之间的对抗能力。诚然，这些部队能力的早期升级来源于通常与宪兵或安全任务相关的资源，旨在支持相对较小比例的美国部队进行人道主义援助、救灾、重建和重建，以及维和行动或其他相关行动，其中非致命武器可增强现有部队保护手段。

1996 年，非致命武器库主要由与执法有关的设备和弹药组成，如催泪瓦斯、防暴设备和豆袋弹。对非正规战争中的许多行动持续关注和日益增长，要求美军满足非正规战争行动的一个共同关键原则——保护人民。今天的非致命武器库存包括呼叫装置、车辆拦截设备、电眩晕枪、车辆发射手榴弹和定向能系统（如光学分散器和毫米波主动拒绝原型），所有经验证的技术，提供可逆效应，并适用于各种不规则操作。

美国武装部队通过联合程序与作战指挥官和执行机构合作，确定需求，协调非致命武器研究、开发和采办的规划、规划与资助。

在国防部非致命武器计划中，非致命武器联合理事会和军种基金会资助非致命武器的科学技术、研发以及测试和评估。

国防部非致命武器计划刺激和协调美国武装部队的非致命武器需求，并分配资源帮助满足这些需求。美国海军陆战队司令担任国防部非致命武器执行机构。联合非致命武器局位于弗吉尼亚州匡蒂科海军陆战队基地，是国防部非致命武器计划执行代理的负责人。

自 1996 年以来，美国国防部已经部署了 50 多种非致命武器、装置和弹药，在波斯尼亚、科索沃、阿富汗和伊拉克已得到使用，维护了世界各地军事设施的安全。现代非致命武器已经超越了橡皮子弹、散弹和胡椒喷雾等传统的非致命武器，并取得了前所未有的进步，提供了更长距离、持续时间长、功能性多和选择性强的非致命武器。定向能等新技术被集成到各种载人、无人和自主平台，在全谱、多域作战中提供量身定制的效果。

2　北约非致命性武器计划发展

近年来，北约认识到非致命武器作为增强和补充常规武器能力的重要性,继续采取措施为其部队提供在世界各地作战的升级选项，系统分析和研究任务组由联合非致命武器主任担任主席，进行了基于非致命武器能力的评估，工作组制定联盟范围内的非致命武器需求，确定能力差距并评估潜在的解决方案。北约的两个战略司令部——盟军司令部行动部和盟军司令部转型部批准了任务组的非致命武器需求说明，这是北约首次正式批准非致命武器要求。

工作组还完成了非致命武器能力差距分析。该分析涉及将当前和规划的非致命能力与需求进行比较，以识别、表征差距并确定其优先级。目前正在开展工作，以确定、开发和评估潜在的装备和非装备解决方案，以填补这些空白。任务组制定了一个拟议的实验框架，并在挪威雷纳营地进行了一次实验，以评估非致命武器的框架、具体技术和实验协议。

在阿富汗的行动推动了北约对非致命武器能力的兴趣，北约驻阿富汗指挥部国际安全援助部队的请求促成了第 11 次非致命能力防御恐怖主义倡议，在加拿大渥太华举行技术示范计划。在非致命武器理事会联合发言期间，理事会代表利用过去 10 年中所做非致命武器工作的见解，讨论了转型问题。主持人首先简要概述了非致命武器，包括最近和正在进行的行动中的非致命武器贡献。超过 25 个成员国使北约陆军军备小组在北约非致命武器组织中拥有最广泛的影响力。第三专题小组的任务是提高北约的非致命能力，是交流信息、非致命物资标准化、促进多边和双边合作的论坛。该小组还协调北约陆军军备小组中与非致命能力有关的所有活动，并负责所有军事行动和作战环境中的非致命能力。他们努力的一个直接结果是创建了北约非致命能力目录和数据库，其中包括来自 13 个国家和北约水下研究中心的 200 多个可搜索、易于理解的条目。

3　最新美国非致命武器计划指南

2018 年，美国国防战略描述了一个“日益复杂的全球安全环境”和“不断变化的战争特征”，其中中间力量能力可能是有用的。未来运营环境将处于群体事件包括合作、武装冲突下的竞争和武装冲突。2019 年，关于群体事件联合学说说明中所阐明的那样，在“竞争连续体”开展竞选活动时，政策可能会规定军队不使用全部军事能力。中级部队能力可以提供成比例的、可衡量的部队，以实现政策目标的方式应对一系列威胁，同时参与综合战役。因此，中级部队能力可以提高行动速度，并允许指挥官“在这种情况下竞争实现最佳战略目标”。

2020 年，美国国防部发布非致命武器计划发布规划指南，将非致命武器称为“中间武力”的重要装备和相关工具，发布了武力升级通用遥控武器站、光学干扰器、船舶失能辐射器、预先安装的电动车辆限位器、固态主动拒止技术等多项需求，如附录图 9-1～附录图 9-5 所示。

附录图 9-1　武力升级通用遥控武器站

附录图 9-2　LA-9P 光学干扰器

附录图 9-3　船舶失能辐射器

附录图 9-4　预先安装的电动车辆限位器

附录图 9-5　固态主动拒止技术

武力升级通用遥控武器站旨在增强单个操作人员通过喊叫/警告来验证感知敌对意图/行为确实存在的判断能力。通过通用遥控武器站技术更新基础系统，同时提供对多个商用现成声光设备（如声学喊话器和眩光器/白灯）的控制。

LA-9P 光学干扰器是一种人眼安全设备，通过高度定向的光能在 40～500m（白天）的范围内向个人传达非言语警告。它的“可靠眩光效应”通过压倒人的视觉感官暂时使人迷失方向。

船舶失能辐射器是一项基于作战效用评估的开发研究，将为美国海岸警卫队提供定向能源中间力量能力。这种能力将对动态环境中制服不符合要求的船只，提供一种更安全、非破坏性和更有效的控制方法。

预先安装的电动车辆限位器是一种紧凑的反装备器材，可以通过向发动机注入高功率电脉冲来阻止目标车辆,而不会伤害其乘员。该设备是便携式的，可远程操作，并且可以在需要任何重要保护目标之前攻击数百个目标。

固态主动拒止技术是一种体积更小、重量更轻、功率更低的替代方案，可替代当前主动拒绝系统原型中使用的低温冷却技术。固态主动拒止技术的短程能力通过高度定向的毫米波在人的皮肤上引起难以忍受的热感来击退目标。这种可靠高效的瞬间效应可以立即逆转，从而降低了情况意外升级的风险。

（王振雄　郝雪颖　曹浪　梅宗书）

附录 10　美军非致命武器多军种战术操作规范

美军的非致命武器系统是其遂行军事任务重要的装备支撑，其战术操作规范自颁布之日起，即面向陆军、海军陆战队、海军、空军和海岸警卫队等多军种战术应用。美军装配的非致命武器功能集所具备的非致命能力，可为武装部队提供额外的进攻和防御工具，使敌人丧失作战能力或被消灭，并在捕获情报、人群控制、骚乱、执行任务及根据特定交战规则实施强制保护等方面发挥重要作用。上述行动可概括为小规模应急行动、非战争军事行动、稳定与支援行动和内部骚乱。非致命武器已在美军驻科索沃陆军“猎鹰特遣部队”和位于古巴关塔那摩 X 射线营等武装力量上得到了很好的应用。

1 美军非致命武器功能集

美军非致命武器功能集，即装备组成主要分为以下四大类。

（1）人员防护装备，主要包括防护面罩、防暴罩和护胫等装备，可保护个人免受投掷物体、棍棒等造成的钝性外伤。

（2）人员效应装备，包括防暴警棍、恶臭剂、刺球手榴弹、胡椒喷雾剂和其他旨在阻止、迷失方向或使个体或集体丧失能力的动力弹（如海绵手榴弹）等装备。

（3）任务增强装备，包括扩音器、聚光灯、铁蒺藜、各向同性辐射器（眩晕/闪光）和阻拦/纠缠器等装备，旨在促进目标识别和人群控制，并限制人员和车辆的移动。

（4）训练设备，包括训练服、训练轮、训练棒和惰性胡椒喷雾等物品，旨在促进实际动手场景培训，为操作做准备。

不同军种的非致命武器配套设备在具体设备清单及整套采购价格上会有差异，以美国陆军为例，其一套完整的非致命武器功能集如附录表 10-1 所列。

附录表 10-1　美国陆军非致命能力集

名称	数量	单位成本/美元	项目总计/美元
非弹道防暴面罩	200	42.50	8500.00
非弹道防暴体盾	150	88.50	13275.00
非弹道防暴护胫	150	60.00	9000.00
弹道面罩	10	246.00	2460.00
弹道防护罩	10	1052.00	10520.00
火场灯	10	185.82	1858.20
36 英寸（0.91m）带索环防暴警棍	200	15.50	3100.00
警棍架	200	5.50	1100.00
便携式扩音器	10	82.00	820.00
山地扩音器	8	815.00	6520.00
无线麦克风	8	0.00	0.00
支架	8	0.00	0.00
单兵高强度光	15	42.74	641.10
6P 灯套	15	8.75	131.25
单兵高强度灯配件套件	15	12.53	187.95
高强度光	8	2795.00	22360.00
一次性前臂/脚踝袖口（单个）	1000	0.70	700.00
袖口剪	2	9.00	18.00
MK-4 袋外径	200	6.75	1350.00
便携式单兵训练（OC）分配器	200	6.07	1214.00
12 号霰弹枪高强度灯	50	139.65	6982.50
12 号实用（25 发）袋	50	23.65	1182.50
12 号对接托架（6 发）	50	10.75	537.50
转移/刺球手榴弹袋	25	47.25	1181.25
40mm 便携袋	100	13.65	1365.00
铁蒺藜	250	10.50	2625.00
带配件的防暴训练服	4	638.50	2554.00
防暴训练包	10	80.00	800.00
C-Cell 电池	0	1.00	0.00
AA 电池	0	0.75	0.00
3V 锂电池	0	2.85	0.00
9V 电池	0	2.00	0.00
包装标记和整合费			20300.00
五金工具		项目总计	125683.25
美国陆军非致命武器功能集	5	125683.25	628416.25

2 战术应用培训课程简介

美军非致命武器战术应用培训主要通过跨军种非致命单兵武器教官课程（INIWIC）完成，该课程采用“培训和培训者”模式，由4部分15个子课程组成。课程简介主要提供INIWIC 描述性数据，包括目的、范围、和平时期动员培训要求、学生能力要求以及成功完成课程所需的设备/弹药需求。

（1）课程名称：跨军种非致命个人武器教官课程。

（2）地点：海军陆战队支队，密苏里州伦纳德伍德堡。

（3）海军陆战队学校代码：A16H5A3。

（4）其他军种课程编号：USAF-L5AZA3P071019。

（5）军事援助计划物资和服务清单编号：P166810。

（6）目的：认证选定的国防部/国防部服务人员为非致命性单兵武器教官。

（7）范围：培训课程专为E-4 级以上人员设计，课程的目的为培养学生在非致命武器的使用和操作方面具备培训单兵和团体的能力，并作为一个单位的非致命武器领域专家。

（8）时长：10天培训。

（9）课程分解：100总学时。

① 2.00 演示。

② 24.00 演示/实践练习。

③ 22.50 阅读。

④ 5.00 讲座/演示。

⑤ 4.00 实弹演习。

⑥ 26.50 实装操作。

⑦ 6.00 操作测试。

⑧ 4.00　笔试。

⑨ 6.00　行政时间。

⑩ 最大班级容量：30。

⑪ 最佳班级容量：25。

⑫ 最小班级容量：15。

⑬ 先决条件：选为非致命武器教官的学生必须首先是指挥员，且须达到 E-4 级以上。

⑭ 教官配备：2 名美国海军陆战队教官和 2 名美国陆军教官。

INIWIC 课程配套设备如附录表 10-2 所列。

附录表 10-2　INIWIC 课程配套设备

物品	数量	物品	数量
个人防护设备		**单兵效应器**	
防弹防暴面罩	40	一次性手铐	300
防弹全长防暴盾牌	40	量规区域（橡胶球）	1400
非弹道护胫	40	豆袋	1400
弹道防暴面罩	20	鳍稳定	1400
弹道全长防暴盾牌	20	闪光弹	1400
弹道护胫	20	OO 降压器	xxxx
凯夫拉头盔	40	7 1/2 枪	xxxx
防弹衣/防弹衣	40	发射杯弹药筒	1400
通用物资		40mm 面积（橡胶球）	1400
M84 可重装干扰手榴弹	600	40mm 泡沫警棍（3 个泡沫子弹药）	1400
Sting Ball 手投或射击手榴弹	600	40mm 海绵手榴弹	1400
Mossberg 500A2 霰弹枪发射杯	15	MK141 牵制手榴弹	600
M203 榴弹发射器	15	**任务增强设备**	
莫斯伯格 500 3"霰弹枪	15	便携式扩音器	5
36 英寸（0.91m）防暴橡木指挥棒，带腰带环	40	40mm 便携袋	40
Monadnock® 24-36"警棍带皮套	40	转移橡胶球手榴弹袋	40
M36 RCA 分配器	40	对接袖口载体	40
Mk-4 单兵 OC 分配器	40	实用 25 圆袋	40
Mk-9 团队 OC 分配器	40	Mk-4 个人携带袋	40
Mk-46 大容量高输出 OC 点胶机	20	带麦克风的便携式公共广播系统	3

续表

物品	数量	物品	数量
MK-46 硬件套件（补充套件）	10	12V 手持聚光灯	5
M33A1 小队防暴药剂分配器	10	Night Hunter 高强度照明系统	5
地面部署的模块化人群控制弹药	20	高强度灯组	5
66mm 车载非致命手榴弹	3	铁蒺藜	5
66mm NL 弹药	30	路边钉条	5
		便携式车辆拦阻器	3
训练设备			
冲击训练服	6	MK-9 团队 OC 分配器（训练）	300
醒目的包	15	训练用一次性手铐(弹性袖口)	100
训练棒（0.61m）	40	样弹	100
训练棒（0.91m）	40	练习手榴弹引信	540
练习手榴弹体	40	• OPFOR 训练弹药（异物）	xxxx
MK-4 单兵 OC 分配器（培训）	300	• 目标要求（全部或部分躯干）	40

3 INIWIC 课程设置

课程主体由 15 个子课程组成，每个子课程的简要介绍如下。

（1）教练员培训。本子课程教授和强化教练员基本军事训练方法，明确了一名优秀教练员需具备的特征以及提高自我教学能力的 4 种方法。此外，本子课程还阐述了组织军事训练的规则以及设计课程和教学的步骤。

（2）武力分级。本子课程介绍了 5 个阻力级别以及根据战场环境确定武力输出的级别，解释了影响不同级别武力使用的决定以及与致命武力有关的定义。最后，本子课程确定了致命武力的 3 个先决条件和 7 个授权使用致命武力的场合。

（3）人群动态/人群控制。本子课程概述了人群、暴徒和骚乱之间的区别，并教授学生在不同情况下采取的人群控制基础方案。通过该子课程学习，学生将能够指导他人掌握骚乱期间人群的行为动态以及控制骚乱的各种方法。本子课程将教授如何辨别影响个人和人群行为的原因，并了解完成任务所需或必不可少的人群控制设备。

（4）空装控制技术。本子课程通过说明自卫、心理战术阶段（思维、质量、运动、肌肉）来指导空装控制方法时要考虑的安全因素。本子课程明确了训练水平并确定了人体的常见压力点，识别铰链、适当的接近角度和推荐的运动模式。教练员将学习阻挡技术、打击技巧、控制保持、护送位置和约束装置等技能。

（5）警棍技术。本子课程在进行防暴警棍训练时讲授防暴警棍命名法和安全标准，以及心理战术技能的不同阶段，突出了警棍的阻挡技术和保留技术。

（6）非战争军事行动。本子课程明确了非战争军事行动和宣战之间的区别，有助于首要确定政治目标和非战争军事行动的战略方向，明确了作战范围和作战原则，以及非战争军事行动类型。

（7）交战规则。本子课程定义了交战规则和适用于这些规则的特定术语，还定义了交战规则的目的，并让学生了解交战规则需求背后的政策，确定了交战规则的 3 个来源，以及交战规则中不会改变的两个部分，解释了交战规则与应用交战规非致命武器的关系。

（8）辣椒油树脂（OC）培训。本子课程解释了如何制造 3 个级别的 OC 和所有气溶胶罐的命名法，突出了不同的喷雾模式、输送方法以及有关创伤性液压针头效应的注意事项。本子课程解释了操作注意事项和 OC 污染的 3 个级别。此外，还阐述了 OC 对身心的影响，并在使用 OC 时培训学生不同的握法、绘画方法和正确的站姿，并解释了去污、恢复和急救的程序。

（9）编队类型。本子课程解释了防暴编队中的要素和个人责任。

此外，还训练了防暴盾牌的正确抓握、平衡、握持和保持力。通过教授不同的命令和节奏来组建防暴编队，突出了领导力的要求。它说明了不同类型的编队和防暴行动的支持要素。

（10）战术考虑。本子课程涉及人群控制行动所需的准备工作和人群控制部队的分级反应，确定了东道国警察和民政当局所需的支持和信息。另外，还描述了军队在人群控制和非战争军事行动中的使用措施，突出在人群控制和非战争军事行动中使用非致命武器的可选措施和指导。

（11）非致命弹药和操作。本子课程确定了非致命弹药的类型及其预期用途，说明了非致命弹药如何适应既定的“应用武力”连续体。本子课程确定了所有当前使用的非致命弹药的类型、特性和射程。

（12）沟通技巧。本子课程确定了用于单兵心理状态的非语言交流领域。这一点，连同对个人空间重要性的理解，为学生提供了解决暴力冲突中施加的力量冲突的工具。

（13）便携式车辆拦阻屏障。本子课程教授分配给部队的非致命功能集使用和维护。PVAB 旨在阻止一辆重达 7500 磅（3401.94kg）的车辆以 45 英里/h（72.42kg/h）的速度行驶，PVAB 保护通道和检查站。

（14）模块化人群控制弹药 MCCM。本子课程讲授 MCCM 的使用。MCCM 是一种部队防护资产，旨在帮助保护静态防御阵地或检查站。

（15）M-315 66mm 榴弹发射器。本子课程教授 M-315 的安装、使用和维护。M-315 将当前非致命毒刺弹的最大射程从大约 50m 增加到 100m。此外，该武器平台可以部署闪光弹、烟雾和 CS 弹药。

（梅宗书　郝雪颖　刘江海　张北辰）

附录 11　推动美国国防部新型非致命武器发展的装备技术

美国国防部的一个项目正在测试新的武器库，该武器库旨在制服敌人而不会将其杀死。

我们可能永远无法知道古巴是否用微波武器袭击了美国的外交官，但我们确实知道存在类似的装置。美国国防部非致命武器联合局与许多私营武器公司一起，花费了数十年的时间进行测试，测试范围涵盖了从远程无线泰瑟（Taser）子弹到可以在 150 英尺（45.72m）外使汽车发动机瘫痪的声波枪等各种武器。一个核心要求是，这些武器发射的能量必须小于 10000J（这是杀死一个人所需的能量）。其想法是，炸弹会引发战争，但朝鲜的一号人物可以宽恕定向能激光脉冲器的“意外放电”（工程中也会发生此类意外）。

1　激光诱导的等离子体效应装备

此技术还在实验阶段。这台爆炸器使用两束激光，第一束激光脉冲不停地打开和关闭以驱除大气中的电子并旋转等离子体，同时第二个光束直接进入生成的电离气体球中，释放出震耳欲聋的爆炸声。

2　碳纳米管热感发声器

这款轻巧的仪器取代了传统扬声器的圆锥、线圈和磁铁阵列，将热电流推入并穿透纯净、微扭曲碳纤维的圆柱体。迅速加热和冷却这些电子管会产生噪声，美国国防部希望该技术有朝一日能够给微型无人机赋予强大的威力，使其发出威吓声：“放下武器！”

3 预置的电子汽车止动器

在俄克拉荷马州的廷克空军基地，美国国防部正在试验电动减速带。当接地板检测到车轮进入时，它们会发出高压脉冲，中断车辆发动机的运行，但不会对乘客造成电击，这样就能给警卫更多时间调查可疑的访客。

4 可变动力系统

作为美国国防高级研究计划局的一项科学计划，美国 Pepper Ball 公司的 AR15 式喷枪可以实现单次装填能发射 180 轮微粉状的燃烧刺激物（或者装填臭气炸弹、染色液体）。该武器第一次军事部署是在阿富汗。

5 海上船舶阻停技术

当鳗鱼感觉到危险时，就会喷出一团乳状黏液，使潜在的掠食者失去视线并堵住嘴巴。国防部的说法是，该装置会分泌出黏液（一种想法是，将这种装置安装在自主船艇上），经过微调以诱捕敌舰和潜艇螺旋桨。现在，该机构正在研究蜘蛛丝是否可以成为增强下一代装置的配方。

（郭潇迪　李珊）

附录 12　防暴装备技术方法概述

在防暴装备中所用的化学装料包括 CN、CS、CR 和 OC 等刺激性毒剂，主要有以下几种形式：

（1）固体——毒剂与烟火混合剂相结合制成颗粒或块状。

（2）微粉——毒剂被磨成极细粉末或粉尘。

（3）液体——毒剂溶解或悬浮于液体溶剂。

每种防暴装备基本上都只使用一种装料形式，而这些武器的分散方法则有以下几种基本方式：

（1）爆炸法——依靠炸药的爆炸力将微粉毒剂分散到大气中。

（2）燃烧法——通过燃烧颗粒状毒剂和烟火混合剂，蒸发并释放至大气中形成亚微粒气溶胶烟云。

（3）雾化法——以热气流蒸发毒剂溶液形成雾状烟云。

（4）喷射法——以抛射剂为载气体，以气雾、气流、粉末、泡沫方式喷射出毒剂气溶胶。

（5）喷洒法——以压缩气体为动力，将毒剂溶液喷出。

下面分别具体介绍这几种分散方法。

1 爆炸法分散

爆炸型弹药有一个共同特点，即都需要使用极细的微粉状毒剂，以使弹药爆炸后产生的小颗粒能存留于空气中并随当时的气流漂移。为此，在生产过程中就需要将毒剂研磨成微粉，再用硅气凝胶或硅藻土进行微包胶，以防毒剂颗粒分散前在容器内结块。有时也使用硅酸酐一类配剂以促产生喷嚏反应，增加配方的总效应。军事上应用的配方比一般为 95%的毒剂加 5%的硅气凝胶，而警用化学武器的配方比可降至 50/50，这取决于生产厂家和武器种类。爆炸型弹药产生的微粒大小为 1～10μm，这类弹药的使用特点是毒剂分散速度快，不易被拣起投回，但此类弹药存在因爆炸高温造成毒剂凝结成块和难以控制颗粒大小的缺点。爆炸型弹药主要为手榴弹和枪榴弹，但种类没有燃烧型弹药多。爆炸型弹药的结构与分散方式如附录图 12-1～附录图 12-4 所示。

附录图 12-1 爆炸法分散（1）

附录图 12-2 爆炸法分散（2）

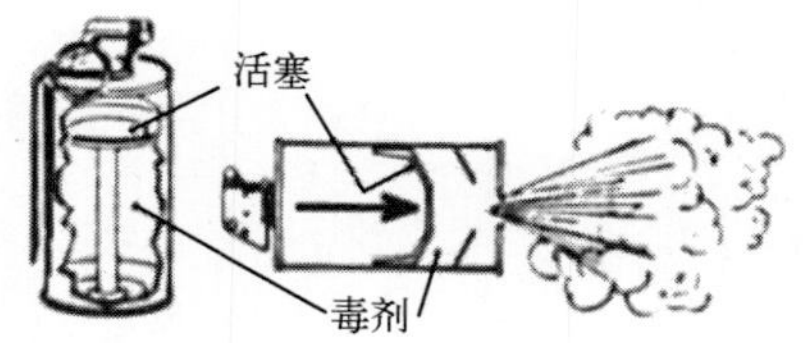

附录图 12-3 爆炸法分散（3）

附录图 12-4 爆炸法分散（4）

2 燃烧法分散

燃烧法分散技术就是通过燃烧过程释放出毒剂烟云，其装料为毒剂与烟火剂的混合物，经预压成颗粒或块状，使用时由引信点燃，将亚微粒毒剂气溶胶蒸发到大气中，由于烟云可见，因而可以确定染毒区域和运动方向，如附录图 12-5 所示。目前只有手榴弹和枪榴弹使用燃烧法分散，在警用化学武器中，这类弹药所点比重较大。燃烧型弹药有不同的燃烧方式，可具体分为速燃型、闷燃型、冷燃型、游动型和无壳燃烧型等。典型的军用型弹药的毒剂/烟火混合剂配方中约含 40%化学毒剂和 60%的烟火剂，其配方比亦随不同厂家的不同产品而发生变化。燃烧型弹药使用中有时会受风等气候条件的影响。

附录图 12-5 燃烧法分散

3 雾化法分散

雾化法分散就是通过热气流将高沸点毒剂溶液迅速蒸发至大气中，遇冷空气凝聚成雾状，形成极小的毒剂颗粒，如附录图 12-6 所示。这类器材主要由小型汽油发动机、燃料箱、毒剂溶液箱、喷管等部件组成，使用时可连续释放大量雾状烟云，如美国的 MK XII-D 型雾化器即可在 25s 内产生 2800m^3 的热气溶胶毒雾。这类器材主要供警察对付集群目标使用，也可用于巷战、反海盗等其他战术目标。

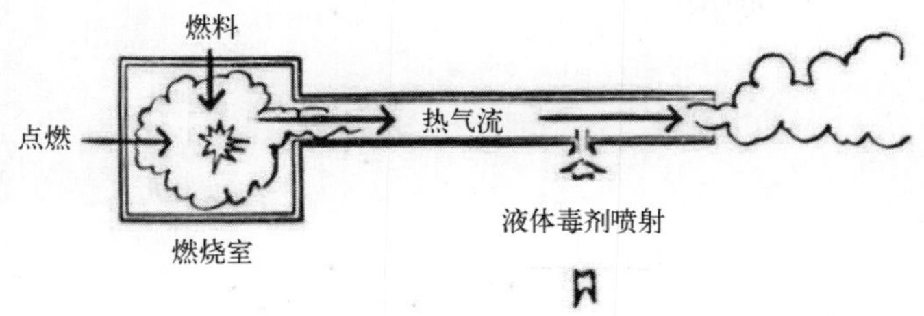

附录图 12-6　雾化法分散

4　喷射法分散

喷射法分散是预先将氟利昂、氮气、二氧化碳或二氧化氮等气体与毒剂粉末或溶液一起压装于容器内，使用时打开保险，揿动活门，毒剂就随惰性气体一起从喷嘴喷入到大气中形成气溶胶毒云，如附录图 12-7～附录图 12-10 所示。根据需要，经改变结构设计，气雾法分散可有气雾式、射流式、喷雾式、泡沫式等不同形式，可产生不同的使用效果，对目标较有选择性。供气雾法分散用的喷射器一般手持近距离使用，射程 2～5m，少数器材射程稍远些。

附录图 12-7　射流式

附录图 12-8　气雾式

附录图 12-9 喷雾式

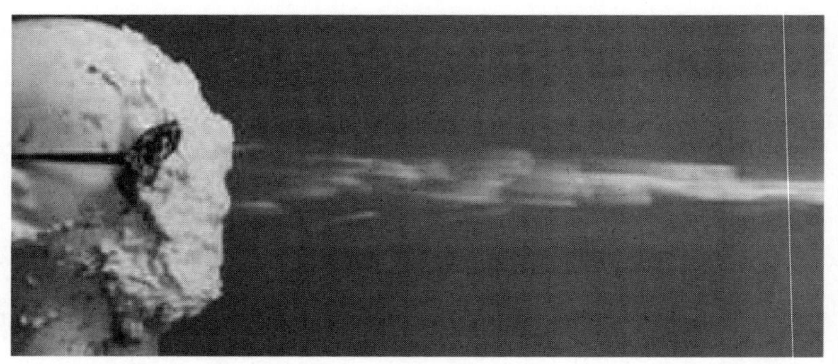

附录图 12-10 泡沫式

5 喷洒法分散

喷洒毒剂溶液或固体粉末以产生毒剂气溶胶的方法即为喷洒法分散，如附录图 12-11、附录图 12-12 所示。该方法所用器材一般为便携式，供个人使用。这类器材多靠压缩空气或二氧化碳为辅助动力，毒剂溶液经喷枪喷出，即产生毒剂气溶胶，可造成小范围染毒，射程一般可达 15～20m。喷洒器比气雾式喷射器的容量大，可重新装填，故可多次重复使用。少数国家还生产、装备和使用车载大容量喷洒器，装料更多，射程更远，能造成更大面积染毒。这类器材在军事和警察部队均有装备，主要供设置军事隔离带或对付集群目标等。

附录图 12-11　喷洒法分散（CR 溶液）

附录图 12-12　喷洒法分散（CS 干粉）

后　　记

虽然我国早在“十五”期间就开始部署非致命性武器技术的研究、生产和装备，从事此类研究的单位及个人不在少数，但相对国外非致命性武器发展，我国的非致命性武器发展还相对滞后。在20世纪末全面铺开非致命性武器装备技术研发，近年进展相对放缓，主要在管理机制、法规制度、技术创新以及编配使用等方面和美国等国还有明显差距。

遵照习近平主席关于国家安全和强军胜战的系列重要指示，结合当前及未来一段时期军事斗争准备及维护国家安全、社会稳定对非致命性武器装备的发展要求，笔者认为：我国非致命性武器装备发展需重点加强管理与使用、科技支撑、综合保障等方面的能力建设，力争形成具有中国特色的非致命性武器装备体系。

首先，要正确认识非致命性武器地位作用。非致命性武器可以作为一种行之有效的手段反恐防暴、维和维稳、处突安保等维护国家公共安全的行动中发挥着越来越重要作用。虽然，非致命性武器不可能完全取代常规武器，但是作为常规武器的必要补充，填补对敌“喊话吓阻与致命打击”之间的空白，而成为增强对敌打击效能与部队战斗力的一种全新选择，是现代武器装备体系中不可缺少的重要组成部分。

其次，应促进和推动非致命性武器装备研发的科技创新、体制机制创新、管理创新和模式创新，促进各类创新要素融合互动，形成军地职能部门及使用单位、企业、高校科研院所、技术创新支撑服务体系多方联动的联合的创新体系。以国家非致命性武器装备发展战略为引领，以世界先进技术水平为杠杆，深化创新体制机制改革，聚焦重点前沿，攻坚克难，创新驱动发展。

最后，应进一步建立健全非致命性武器管理机制，设立非致命性武器技术决策机构和研究机构，具体规范和推动非致命性武器技术发展；完善非致命性武器相关法律法规体系，以保障非致命性武器装备执法使用有法、有据、有度。

作　　者

2022 年 5 月于北京

缩 略 语

ADS	主动拒止系统
ADT	主动拒止技术
AEP	衰减能量弹
AFRL	美国空军研究实验室
ARDEC	美国陆军装备研究、开发和工程中心
ASA(ALT)	陆军采购、后勤和技术助理部长
ATEC	陆军测试与评估司令部
BZ	毕兹
CCDC AC	作战能力发展司令部武器装备中心
CD&I	作战开发指挥部/作战开发与集成部
CHIMERA	反电子高功率微波延伸范围空军基地防空系统
CLaWS	紧凑型激光武器系统
CMC	海军陆战队司令官
CNAD	国家军备委员会
CR	西阿尔
CROWS	通用遥控武器站
CS	西埃斯
C-UAS	反无人机系统
DARPA	美国国防高级研究计划局

DAT POW	反恐防御工作计划
DCI	国防能力倡议
DEW	定向能武器
DE	定向能
DIP	刺激剂射弹
DLA	演示激光器组件
DM	亚当氏剂
DoD	美国国防部
DoD NLW	国防部非致命性武器计划
EMP	电磁脉冲武器
EoF	武力升级
EWG-NLW	欧洲非致命性武器工作组
FEAT	聚焦增强型声学驱动技术
FoDEAS	聚焦定向能天线系统
GLEF	绿色激光武器增强套件
GNLTL	回旋磁非线性传输线
HELLADS	高能液体激光防空系统
HELWS	高能激光武器系统
HEMI	人体肌电失能
HGSWA	紧凑型高增益槽型波导天线
HMIC	内政部警察巡视机构
HPEM	高功率电磁
HPM	高能微波武器
HPRF	高功率无线频率
HPW	人体效能空军联队
ICA	化学失能剂

ICDs	初始能力文件
IFC	中间打击能力
JCD	联合能力文件
JIFC	联合中间打击能力
JHPSSL	联合高能固体激光器
JIFCO	联合中间打击能力办公室
JIPT	联合集成产品小组
JNLWCG	非致命性武器联合能力小组
JNLWD	非致命性武器联合理事会
JNLWP	联合非致命性武器计划
LIPE	激光诱导等离子体效应
LPLD	低功率激光武器验证器
LVOSS	车辆发射非致命榴弹
LWSD	激光武器系统验证机
MADIS	海上防空综合系统
MAG	军备材料组
MCCM	人群控制弹药
MLD	海基激光演示
MPM-NLWS	模块化任务载荷非致命性武器系统
MuST-2D	多感官战术探测和威慑
MVSOT	海上船只拦截阻塞技术
NAAG	北约陆军军备组
NAC	北大西洋理事会
NATO	北大西洋公约组织
NIAG	北约工业咨询小组
NIJ	国家司法学会

NLC	非致命能力
NLW	非致命性武器
nsEP	纳秒电脉冲
NSWC-IHEODTD	美国海军水面作战中心
OC	辣椒素
ODIN	海军光学致眩阻截系统
OLDS	高空液体喷洒系统
ONR	美国海军研究办公室
OPCW	国际禁化组织
PEVS	预置电动汽车拦截器
PSDB	警政科学发展部
RCA	防暴剂
RF-HPM	射频-高功率微波
RHD	生物效应部
RTO	研究与技术组织
SBIR	小型企业创新研究
SHiELD	自卫高能激光演示
SOCOM	特种作战司令部
SPECTER	远距离小武器脉冲电子化
STO-C	科技目标能力
STO-Es	科技目标助推器
STOs	科技目标
STTR	小型企业技术转让
THOR	战术高功率作战响应器
USD/A&S	美国国防部负责采购和维护
USD/P	美国国防部负责政策的副部长

USD/R&E	美国国防部负责研究和工程的副部长
USPL	超短脉冲激光
VIPER	船只失能功率效应辐射
VIPER	定向失能系统研究计划
VKS	可变动能系统

参考文献

[1] https://spie. org/news/6484-next-generation-non-lethal-technologies. 2018.

[2] Non-Lethal Weapons Requirements Fact Sheet. https://jnlwp. defense. gov/Press-Room/Fact-Sheets.

[3] Joint Non-Lethal Weapons Program Science and Technology Strategic Plan 2016-2025. https://jnlwp. defense. gov/Portals/50/ Documents/2016.

[4] Department of Defense Directive 3000. 03E: DoD Executive Agent for Non-Lethal Weapons (NLW), and NLW Policy. 2019 https://www. hsdl. org/?abstract&did=736082.

[5] DoD Non-Lethal Weapons Program Brief 2019 NDIA Armaments System Forum 4 Jun 2019. https://jnlwp. defense. gov/.

[6] DoD Non-Lethal Weapons Program——Next-Generation Non-Lethal Directed Energy Weapons for the Department of Defense and Homeland Security. https://ndiastorage. blob. core. usgovcloudapi. net/ndia/2015.

[7] Department of Defense Non-Lethal Weapons Program Executive Agent's Planning Guidance 2020. https://jnlwp. defense. gov/Portals/.

[8] Directed Energy Intermediate Force Capabilities: Relevant Across the Range of Military Operations. https://jnlwp. defense. gov. 20210127.

[9] Non-lethal technologies: state of the art and challenges for the future. https://www. spiedigitallibrary. org/conference-proceedings- of-spie/9825/1/Non-lethal-technologies--state-of-the-art-and-challenges/10. 1117/12. 2230590. full.

[10] https://www. dsiac. org/wp-content/uploads/2021/01/DSIAC-Webinar-DE-Intermediate- Force-Capabilities. pdf.

[11] https://jnlwp. defense. gov/About/History/.

[12] U.S. Department of Defense Counter-Small Unmanned Aircraft Systems Strategy.

[13] Non-Lethal Weapons (NLW) Reference Book. Joint Non-Lethal Weapons Directorate, 3097 Range Road, Quantico, VA, 22134. 2012.

[14] Ronald L. Bailey. DoD Non-Lethal Capabilities: Enhancing Readiness for Crisis Response. U.S. Department of Defense Non-Lethal Weapons Program Annual Review. http://jnlwp. defense. gov. 2015.

[15] European Working Group. Non-Lethal Weapons. 9th European Symposium on Non-Lethal Weapons. May 08–10, 2017.

[16] Text for Consultation. Geneva Guidelines onLess-Lethal Weapons and Related Equipment in Law Enforcement. 2018, 7.

[17] Joint concepts for Non-lethal weapons, US. Marine Corps, 1998.

[18] Multi-service tactics, techniques, and procedures for the tactical employment of nonlethal weapons, US. Department of defense, Army, Navy, Marine Corps and Air force, 2007.

[19] https://jnlwp. defense. gov/Portals/NonWeaponsProgram202003.

[20] https://www. dsiac. org/wp-content/uploads/2021/01DE-Intermediate-Force-Capabilities. pdf.

[21] https://jnlwp. defense.gov/Current-Intermediate-Force-Capabilities/12-Gauge-Munitions-point-area-marking-warning/.

[22] https://jnlwp. defense. gov/Current-Intermediate-Force-Capabilities/ 40mm-Munitions-point-area-marking-warning/.

[23] Michael Crowley. Chemical Control. Regulation of Incapacitating Chemical

Agent Weapons, Riot Control Agents and their Means of Deliver. ISBN 978-1-137-46714-0. 2016.

[24] Michael Crowley. Drawing the line: Regulation of “wide area” riot control agent delivery mechanisms under the Chemical Weapons Convention. Bradford Non-lethal Weapons Project & Omega Research Foundation. April 2013.

[25] Michael Crowley. Regulation of incapacitants, riot control agents and their means of delivery under the Chemical Weapons Convention. OPCW Open Forum Meeting, 2010-11-29.

[26] https://news. rambler. ru/troops/41882748/?utm_content=rnews&utm_medium=read_more&utm_source=copylink 2018-05-24 В Сирии применено новое российское нелетальное оружие.

[27] 《关于禁止发展、生成、储存和使用候选武器及销毁此种武器的公约》

[28] European Working Group. Non-Lethal Weapons9th European Symposium on Non-Lethal Weapons. 2017. 05.

[29] David Law. Next-generation non-lethal technologies. SPIE Newsroom. 14/ September/ 2016. DOI: 10. 1117/2. 1201608. 006484.

[30] An assessment of non-lethal weapons science and technology, National research counsil, USA, 2003.

[31] The Army’s non-lethal weapons: a review, Infantry magazine, 2009.

[32] The advantages and limitations of calmatives for use as a non-lethal technique, the Pennsylvania State University, 2000.

[33] Incapacitating biochemical weapons. Alan Pearson, Nonproliferation Review, 2006, 13(2).

[34] Non-lethal weaponary: a framework for future integration, Mark Thomas, USAF, 1998.

[35] The meaning of Moscow: "non-lethal" weapons and international law in the early 21st century, David Fidler, International review of the Red Cross, Vol 87. 2005.

[36] US Department of defense non-lethal weapons Annual Review 2015.

[37] Functional identification of rubber oxygenase (RoxA) in soil and marine myxobacteria, Applied and Environmental Microbiology, October 2013 Vol 79.

[38] Major, USAF. LESTER. A. WEILACHER. Non-Lethal Chemical Weapons. AU/ACSC/1636/. 2003-4.

[39] Report of the OPCW, on the implementation of the convention on the prohibition of the development, production, stockpiling and use of chemical weapons and on their destruction in 2015[R]. C-21/4, 2016.

[40] Frank Cass. The Future of Non-Lethal Weapons: Technologies, Operations, Ethics and Law. Edited by Nick Lewer. London, 2002.

[41] Rice, Charles R. An Analysis of the Strategic Application on Non-Lethal Weapons to Provide Force Protection. Carlisle Barracks, PA, Army War College, 2001.

[42] DOD Non-Lethal Weapons Program Annual Report. 2008-2010.

[43] 朱晓行，等. 信息化战争中的非致命性武器[M]. 北京：国防工业出版社，2013.

[44] 军事高科技在线. 美俄激光致盲武器的最新进展. 2020-08-20.

[45] 中国兵器工业 210 研究所译. 美军非致命性武器手册. 2012.

[46] 战仁军，等. 非致命性武器装备[M]. 北京：国防工业出版社, 2017, 1.

[47] 向红军，等. 非致命性武器技术[M]. 北京：兵器工业出版社, 2015.

[48] 朱晓行. 美国非致命性武器技术发展状况[J]. 装备参考: 2006, 9.

[49] 班超. 非致命弹药发展综述. 化学工程与装备, 2016(1): 185-187.

[50] 薛海中. 新概念武器[M]. 北京：航空工业出版社, 2009.

[51] 禚法宝，张蜀平，王祖文，等. 新概念武器与信息化战争[M]. 北京：国防工业出版社, 2008.

[52] 周珺，王远途. 警用电击武器人体效应及安全性研究[J]. 警察技术, 2011(5): 63-65.

[53] 曹延杰. 新概念武器基础[M]. 北京：兵器工业出版社, 2016.

[54] 朱晓行，等. 美国非致命性武器技术发展动向[J]. 国外防化科技动态. 2019, (7): 10-13.

[55] 孙立，王永峰. 美军非致命性武器运用探析[C]// 第五届全国“公共安全领域中的化学问题”暨第三届危险物质与安全应急技术研讨会, 2015.

[56] 张培贤，夏治强. OPCW 科咨委关于控暴剂的建议与国外控暴器材[J]. 国外防化科技动态, 2018, 5.

[57] 周朴，陶汝茂. 美国联合非致命性武器项目及其十年科技战略规划[G]. 国防科技, 2017, 38(3): 51-57.

[58] 霍焜，郭继卫. 生物科技对非致命性武器发展的内涵拓展[J]. 军事医学, 2013, (2): 81-84.

[59] 魏继锋，徐楚璇. 反人员非致命性武器技术发展现状及趋势[J]. 兵器装备工程学报, 2015, 36(3): 13-16.

[60] 朱晓行，等. 美国非致命性武器技术发展动向[J]. 国外防化科技动态, 2019, (7): 10-13.

[61] 董建国，等. 非致命性武器的定义与分类[J]. 国防技术基础, 2012(4):41-48.

[62] 韩飞，冯建伟. 绿色设计理念在非致命性武器设计中的应用探析[J]. 中国科技博览, 2009(34): 253-253.

[63] 防化研究院信息研究中心编译. 非致命性武器科学技术评估[M]. 北京：国防工业出版社, 2006.

[64] 孟昭福，毕忠安，侯松林. 车载非致命性武器发展概述[J]. 国外坦克, 2014(7): 52-55.

[65] 赵传莉. 非致命性武器与弹药分析[J]. 华东科技(学术版), 2013(10): 464-465.

[66] 赵利. 非致命性反恐武器装备的演变、发展与应用[J]. 装备制造, 2014.

[67] 张辉, 宋瑾. 非致命性武器新“宠儿”——臭气武器[J]. 兵工科技, 2009.

[68] 王占良. 非致命性武器新发展[J]. 兵器知识, 2007(6): 56-59.

[69] 吴磊. 非致命性武器发展近况[J]. 国外坦克, 2013(7): 41-45.

[70] 盘毅, 李中华, 谢凯, 等. 化学型“非致命性武器”的发展现状及应用前景[J]. 国防科技, 2001(4): 78-81.

[71] 赵吉祥. 化学型非致命性武器初探[J]. 科学之友, 2008(12): 87-88.

[72] 刁天喜，楼铁柱. 化学类非致命性武器发展现状[J]. 人民军医，2008, 51(11): 704-705.

[73] 李绍义. 非致命性武器发展趋势及对警用装备的启示[J]. 武警工程大学学报, 2004(2): 47-50.

[74] 汪川. 反恐处突新思维：美军非致命性武器运用和体系建设研究. 北京：航空工业出版社, 2014.

[75] 王亚伟, 李钊. 非致命性武器发展综述[J]. 现代军事, 2003(2): 12-15.

[76] 卢风云. 新型武器装备对反恐处突行动的影响及运用[J]. 警察实战训练研究, 2010(3):82-84.

[77] 魏绪旺, 周宁城. 非致命性武器发展趋势[J]. 电子世界, 2015(20): 191.

[78] 朱文坤, 郭三学. 爆炸式催泪弹非致命效应评估研究[J]. 火力与指挥控制. 2015, 40(9): 65-67.

[79] 魏绪旺, 周宁城. 非致命性武器发展趋势[J]. 电子世界, 2015(20): 191.